格致猫成长日记

——趣味Scratch算法入门

段　勇　武小芬　主编

清華大學出版社
北　京

内 容 简 介

本书是专门为中小学生编写的 Scratch 算法入门教材，通过设计学生学习与生活中的常见情景，以角色对话的形式带领学生学习 40 个程序案例。本书内容包括利用编程制作一些生活中的常见实用软件（如倒计时器）和利用编程解决很多经典数学问题（如辗转相除法求两数的最大公约数）等。通过讲解程序设计的原理，引导学生以编程的方式解决数学问题及生活中常见的问题，在问题解决的过程中培养学生的计算思维。

本书适合小学三年级及以上学生阅读，也可作为亲子共读、共学，培养计算思维的书籍。

图书在版编目（CIP）数据

格致猫成长日记：趣味Scratch算法入门 / 段勇，武小芬主编. — 北京：清华大学出版社，2022.4
ISBN 978-7-302-59959-3

Ⅰ. ①格… Ⅱ. ①段… ②武… Ⅲ. ①程序设计 Ⅳ. ①TP311.1

中国版本图书馆CIP数据核字（2022）第019806号

责任编辑：焦晨潇
封面设计：王晓辉
责任校对：刘　静
责任印制：沈　露

出版发行：清华大学出版社
网　　址：http:// www.tup.com.cn, http:// www.wqbook.com
地　　址：北京清华大学学研大厦A座　　**邮　　编**：100084
社 总 机：010-83470000　　**邮　　购**：010-62786544
投稿与读者服务：010-62776969 , c-service@ tup.tsinghua.edu.cn
质量反馈：010-62772015 , zhiliang@tup.tsinghua.edu.cn
印 装 者：三河市龙大印装有限公司
经　　销：全国新华书店
开　　本：185mm × 260mm　　**印　　张**：14　　**字　　数**：169 千字
版　　次：2022 年 4 月第 1 版　　**印　　次**：2022 年 4 月第 1 次印刷
定　　价：79.00元

产品编号：094511-01

前　　言

亲爱的读者，大家好，欢迎大家进入神奇的格致猫编程世界。在本书中，聪明伶俐的格致猫和博学多识的小麦将与大家一起学习编程知识，并在学习编程的过程中锻炼、提升大家的计算思维。

本书中，两位新朋友——格致猫和小麦将与大家一起利用 Scratch 编程软件学习 40 个常见的编程问题。本书内容既包括利用编程制作一些生活中常见的实用软件，如倒计时器，生肖、星座判断软件等，也包括利用编程软件解决一些经典的数学问题，如韩信点兵、牛吃草问题、约瑟夫问题等，是对课堂学习的有力补充与拓展。

对于编程过程中涉及的数学知识和数学问题，格致猫和小麦煞费苦心，用通俗易懂的语言为大家做出解释。希望大家在认真阅读本书时能发现惊喜，发出“哇，原来是这样！”的感叹。另外，格致猫和小麦为了避免大家看到这些数学问题后感到过于高深，就把这些问题乔装打扮了一下，藏在了书中。聪明的读者，请把它们找出来吧！

对于学习编程，模仿已有的程序是一种好的学习方法，但这绝不是学习编程的目的。格致猫和小麦发现很多读者把一个程序编写完成作为一个任务的结束，对为什么这样编写程序却不甚了解。因此，本书重点介绍每个程序的编程原理及编程思路的由来，希

望大家能从中学习到思维的方法并能做到举一反三，触类旁通，推而广之。

在学习编程的过程中，很多读者会感到有些困难，觉得自己可能掌握不了，萌生了放弃的念头。不要害怕，这其实是一种叫“畏难心理”的“拦路虎”在作祟。本书中，格致猫和小麦将与大家一起战胜这只“拦路虎”，一起享受编程学习的快乐！

格致猫和小麦已经迫不及待地想与大家一起到神奇的编程世界去探险了，大家准备好了吗？

最后，感谢王晓辉老师通过画笔把格致猫和小麦活灵活现地呈现在大家面前。本书是编者 20 余年教学经验的总结，但因水平有限，难免会出现不妥与错误之处，欢迎批评、指正。

编　者

2022 年 1 月

人物介绍

大家好，我叫格致猫，我的名字取自“格物致知”，意在希望通过研究事物原理而获取知识。我性格活泼，好学，喜欢探究事物原理。我很怕痒，大家一“咯吱”我，我就会哈哈大笑。

嗨，我叫小麦，我的名字取自“Math（数学）”，是一个数学小天才，特别喜欢解决数学难题。我机灵古怪，脑袋里总会出现一些大家意想不到的问题。我爱美，头上喜欢戴一个麦穗形状的发卡。

使用说明

1. 编程工具选择

本书中的Scratch案例程序使用Scratch 3.0编写，建议读者使用本版本软件进行编程练习。读者也可以根据个人习惯使用Scratch其他版本或相似的图形化编程软件。

2. 案例程序源代码获取

本书提供所有案例的重要程序源代码供读者参考，读者可扫描下方二维码获取。

案例程序源代码下载

目录

第1节 制作倒计时器

格致猫自从学会了 Scratch 编程，就着了迷。平常碰到什么问题，他都想：能不能用编程的方法解决呢？这不，观看跨年晚会时，他看到零点钟声响起前的倒计时，就在想：能不能利用 Scratch 编一个倒计时器小程序呢？

想到不如做到，说干就干！格致猫拿出一张纸就把自己的思路写了下来：

1. 先输入一个时间。
2. 把这个时间存在一个变量里。这个变量可以命名为“倒计时”。
3. 既然是倒计时器，那么每隔 1 秒，变量“倒计时”就得减少 1，直到变量“倒计时”的值变为 0 为止。

有了思路，我试着用积木把它们表示出来吧！

格致猫自言自语。

我可以用 询问 请输入时间 并等待 积木输入倒计时的时间数。新建一个变量“倒计时”，并通过 将 倒计时 设为 回答 积木给 回答 赋值。每隔 1 秒，让变量“倒计时”的值减少 1，直到变量“倒计时”的值变为 0 为止（见图 1-1）。应该就这样，我先把所有积木组装起来，运行一下看一看效果如何。

说着，格致猫就把所有的积木组装了起来，程序如图 1-2 所示。

格致猫迫不及待地单击了绿旗，并按程序的提示输入 10，舞台上的倒计时变量真的从 10 开始倒计时了！看到程序运行无误，格致猫十分高兴，蹦蹦跳跳地去找小麦，分享自己的作品。

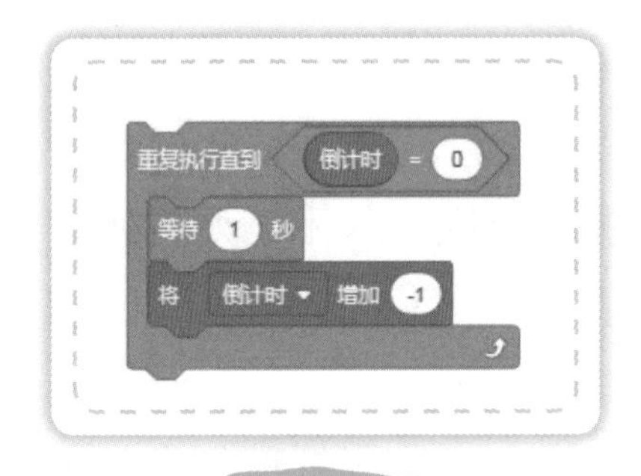

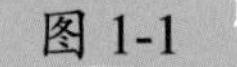
图 1-1

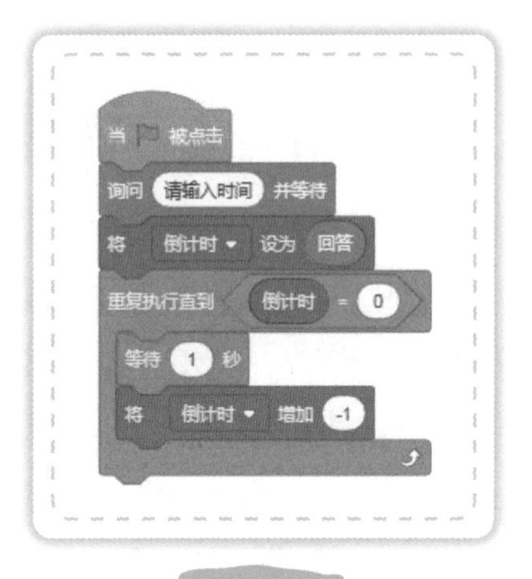

图 1-2

小麦看了格致猫的作品后，对格致猫的进步感到十分高兴。但小麦发现了一个问题。

格致猫，如果要想倒计时 2 分钟怎么办呢？

这……，是不是输入 120 就行了？因为 2 分钟等于 $2\times60=120$ 秒。

嗯，这倒也行，不过真正的倒计时器是“时”“分”“秒”分别进行倒计时的。每满 60 秒，“分”就减 1；每满 60 分，“时”就减 1。

这应该怎么编写程序啊！

别着急，我们一起思考一下！在询问环节，可以分别询问需要倒计时多少“分”、多少“秒”，把两次回答分别存储在变量“分”与变量“秒”里，像图 1-3 这样。再建立一个变量“总时长”，把“分”与“秒”的总秒数赋给它。假设倒计时 2 分 20 秒，那么总时长为 $2\times60+20=140$ 秒，积木组合为 将 总时长 设为 分 * 60 + 秒。

图 1-3

这不是还是以秒数倒计时吗？怎么把分钟的倒计时也体现出来呢？尤其是2分20秒中的20秒倒计时完成后，前面的2分钟怎么自动变成1分钟呢？

这就需要给这几个变量之间建立“联动机制”。“联动机制”是指一个变量发生变化，引发其他变量同时发生变化。在这个程序中，可以想办法给变量“总时长”与“分”“秒”之间建立这种“联动机制”。格致猫，你再想一想，刚才我们是怎么把变量“分”与“秒”的值转换成“总时长”的值的？

我们用的是“分”×60＋“秒”＝“总时长”的方法。

对，因此我们可以利用这个运算的逆运算把“总时长”的值再分别赋给“分”与“秒”。用“总时长”除以60的商是不是就是“分”？余数是不是就是“秒”？

嗯，是这么回事，但我还是不太明白它们之间是怎样互相联动的。

格致猫，我们一起分析一下。当“总时长”是 140 时，140 除以 60，商是不是 2？余数是不是 20？当“总时长”是 120 时，120 除以 60，商是不是 2？余数是不是 0？当“总时长”是 119 时，119 除以 60，商是不是 1？余数是不是 59？你看这时“分”是不是由“2”变为了“1”？

哇，还真是呢！

有了这个“联动机制”，我们再在你的程序上稍作修改，就变成了一个更正规的倒计时器了！

程序改动如图 1-4。

```
当 🏴 被点击
询问 请输入分钟数 并等待
将 分 设为 回答
询问 请输入秒数 并等待
将 秒 设为 回答
将 总时长 设为 (分 * 60) + 秒
重复执行直到 总时长 = 0
    将 分 设为 向下取整 (总时长 / 60)
    将 秒 设为 总时长 除以 60 的余数
    将 总时长 增加 -1
    等待 1 秒
```

图 1-4

格致猫修改完程序后赶紧单击绿旗，看一看到底行不行。他输入了倒计时2分20秒，果然，不仅实现了“秒”的倒计时，也实现了“分”的倒计时。但是他发现了一个问题——倒计时器在最后一秒停止了。这是怎么回事？

小麦，这是怎么回事？为什么在最后一秒停住了？

小麦若有所思地看了看这个程序，发现……

格致猫，我们一起分析一下最后的“重复执行直到”语句，这个循环停住的条件是变量“总时长”的值为“0”。我们可以把“总时长”值为“1”时带入这个循环试一下。此时循环依次先给“分”赋值为“0”，再给“秒”赋值为“1”，再进行“总时长”减“1”的运算。格致猫，你注意一下，这时候“总时长”减完“1”之后，它的值就变为了“0”，因此循环就结束了，所以“秒”的值就停留在“1”上了。

那怎么才能让这个循环再进行一次呢？

小麦笑了笑，用鼓励的眼神看着格致猫。

聪明的格致猫，动动脑筋，你一定会想到答案的！

格致猫仔细地观察着这个程序，突然拍了一下脑袋。

我想到了，把这个循环的结束条件改为变量“总时长”的值小于“0”就行了！这样就会比刚才多一次循环，“秒”的值就会变成“0”了！

他们赶紧进行了尝试——成功！两人还进一步进行了修改，使这个倒计时器的程序变得更完善。程序如图 1-5 所示。

```
当 ⚑ 被点击
询问 (请输入分钟数) 并等待
将 分 ▾ 设为 (回答)
询问 (请输入秒数) 并等待
将 秒 ▾ 设为 (回答)
将 总时长 ▾ 设为 ((分) * (60) + (秒))
重复执行直到 <(总时长) < (0)>
    将 分 ▾ 设为 (向下取整 ▾ ((总时长) / (60)))
    将 秒 ▾ 设为 ((总时长) 除以 (60) 的余数)
    说 (连接 (剩余) 和 (连接 (分) 和 (连接 (分) 和 (连接 (秒) 和 (秒))))) (1) 秒
    将 总时长 ▾ 增加 (-1)
说 (时间到!)
```

图 1-5

我们学会了利用“重复执行直到”加条件控制循环的执行；利用时间单位之间的换算与取余的方式使“总时长”“分”“秒”三个变量之间建立“联动机制”。

第2节 画正多边形

假期，格致猫外出旅行时发现了一种以前没有见过的建筑——水塔！更令他惊讶的是，圆柱形的水塔竟然是用方砖垒成的。“方”怎么变成“圆”了呢？

带着这个疑问，一回到家，格致猫就去找小麦，想弄明白这到底是怎么回事。

小麦听了格致猫的描述后，思考了一会儿，然后打开了计算机中的 Scratch 软件。

Scratch 应该可以告诉我们原因。

什么！Scratch 知道为什么？

嗯，当然了，不过你先别着急。在 Scratch 揭晓答案前，我先问你几个问题，你知道什么是正方形吗？

这还不简单！正方形有四个角，每个角都是 90°，有四条边，四条边长度都一样。

对，那你能用 Scratch 画一个正方形吗？

我想想，应该很简单！可以让小猫先前进 100 步，然后右转 90°，再前进 100 步，再右转 90°，再前进 100 步，再右转 90°，再前进 100 步，再右转 90°。

格致猫边说边在纸上画，一个正方形就出现在了纸上。

用程序把这个过程表现出来就应该能画出正方形了。

说着，格致猫就在计算机上开始编写程序了。程序如图 2-1 所示。

格致猫一单击绿旗，一个正方形就出现在舞台上了。

这个程序中有四个 移动 100 步 右转 90 度 积木组合，我们可以用一个“重复执行 4 次”来简化这个程序。像图 2-2 这样就好多了！

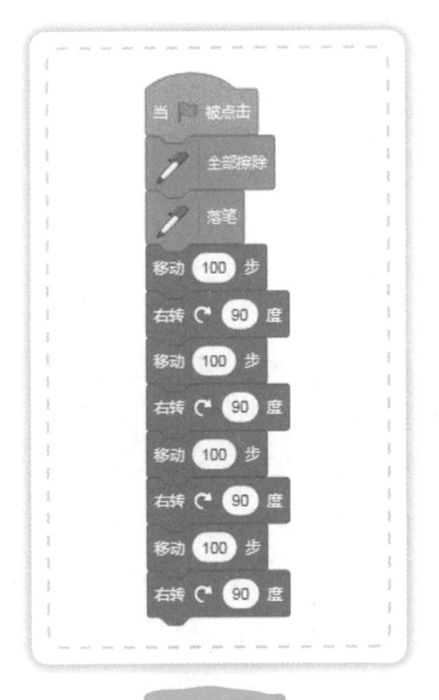

图 2-1

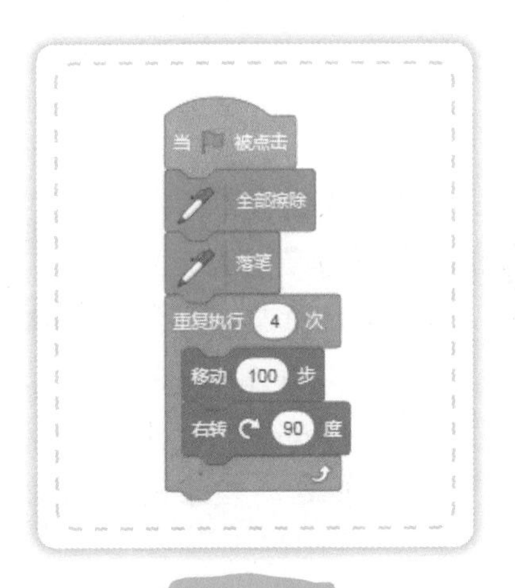

图 2-2

真不错！格致猫，那你能再画一个正三角形吗？

当然可以了，正三角形就是等边三角形，有三个角，每个角都是 60°，三条边相等。我把重复次数改为 3 次，把旋转角度改为 60° 就可以啦！

格致猫信心十足地单击了绿旗，但结果却大大出乎他的预料。显示结果如图 2-3 所示。

这是怎么回事呢？

格致猫，你仔细观察一下，你的小猫其实是向右转了多少度呢？

小麦启发着他。

你再看看图 2-4 所示正三角形应该是旋转多少度？

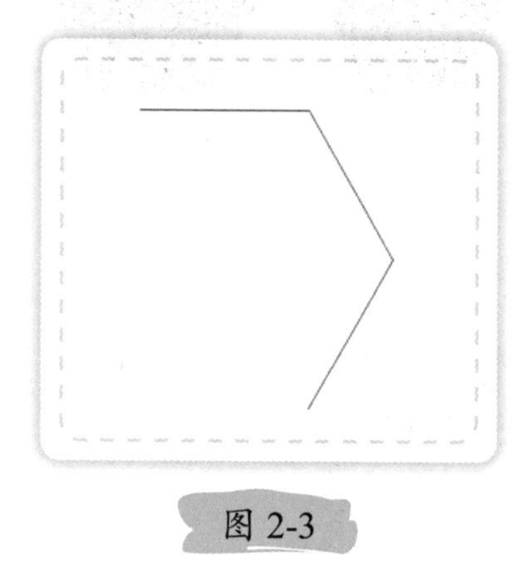

图 2-3

图 2-4

通过对比这两幅图，格致猫恍然大悟。

应该是旋转 120° 啊！我赶紧把程序修改一下。

修改后的程序如图 2-5 所示，这次一单击绿旗，一个“可爱”的正三角形就出现在舞台中央了。

小麦，正三角形也画出来了，可这和圆有什么关系呢？

别着急嘛，格致猫。你再观察一下图 2-6 这几个图形，用量角器（见图 2-7）分别量一下正五边形、正六边形需要旋转多少度？你能通过这几个图形把表 2-1 填一下吗？

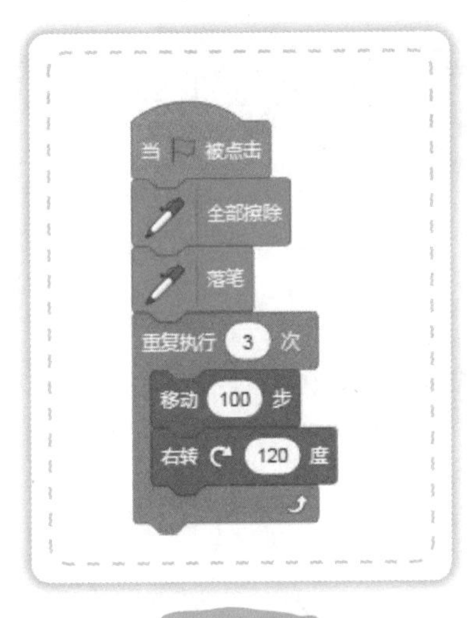

图 2-5

图 2-6

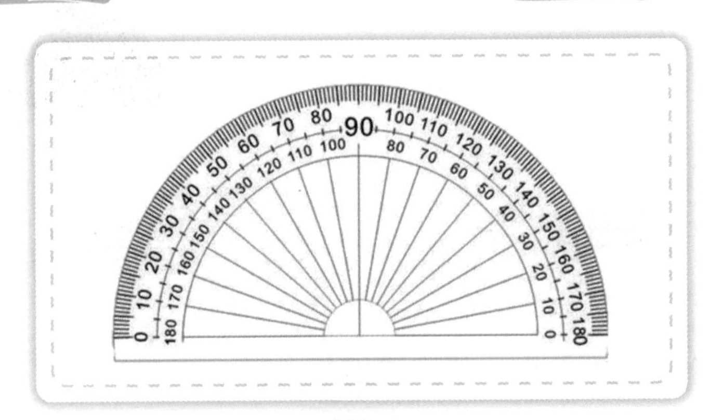

图 2-7

表 2–1　正多边形

正多边形	边数	需要旋转角度	边数 × 旋转角度
正四边形	4	90°	4×90°=360°
正三边形	3	120°	
正五边形	5		
正六边形	6		
正七边形	7		

格致猫一边用量角器测量多边形的度数一边回答。

画正五边形需要旋转的度数是72°，画正六边形需要旋转的度数是60°。它们之间有什么关系呢？小麦，我好像发现了点什么——正四边形的边数是4，需要旋转的角度是90°，它们的乘积是360°；正三角形的边数是3，需要旋转的度数是120°，它们的乘积也是360°；正五边形的边数是5，需要旋转的度数是72°，它们的乘积还是360°。小麦，它们的乘积都是360°。不用说，那画正六边形应该也是这样，正六边形的边数是6，需要旋转的度数是60°，6×60°=360°。

哇，太神奇了！根据前面边数与需要旋转的度数之间的关系，画正七边形时需要旋转的度数应该是360°/7。原来正多边形的边数与需要旋转的角度的乘积都是360°啊！

格致猫，你真棒！这么短的时间就发现了正多边形边数与旋转度数之间的关系。如果想画一个任意边数的正多边形，假设是一个n边形，那需要旋转的度数就为360°/n。知道了这个关系是不是就能画出更多边数的正多边形了呢？格致猫，你试着根据这个规律画一下正七边形、正八边形、正九边形、正十边形。

好嘞！

说干就干，不一会儿的工夫格致猫就把这四个图形画出来了。程序及运行结果如图2-8～图2-11所示。

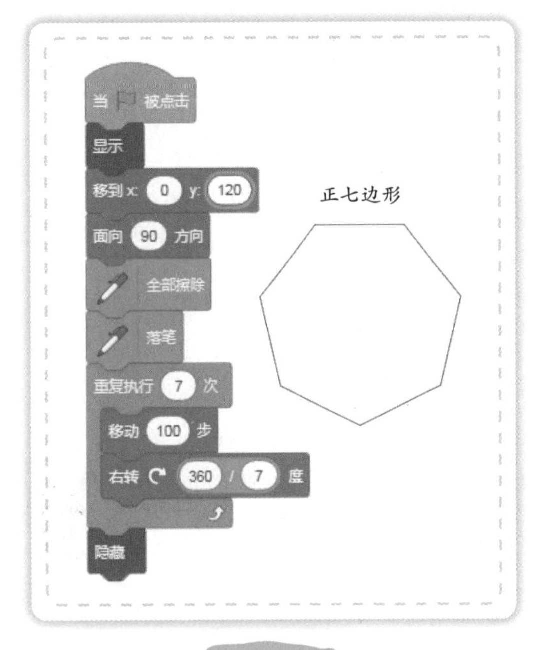

图 2-8

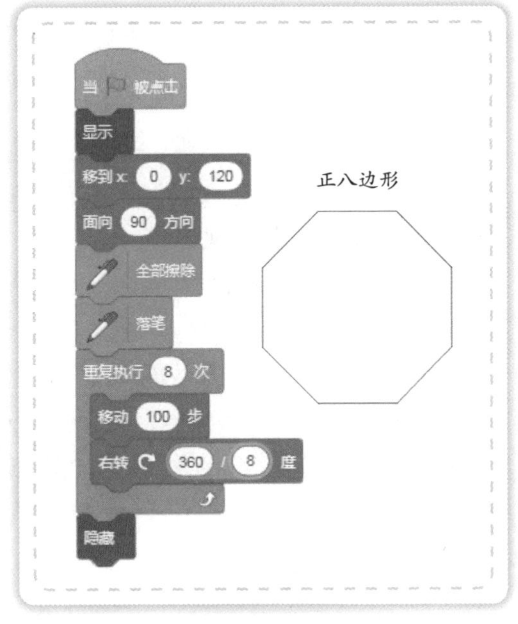

图 2-9

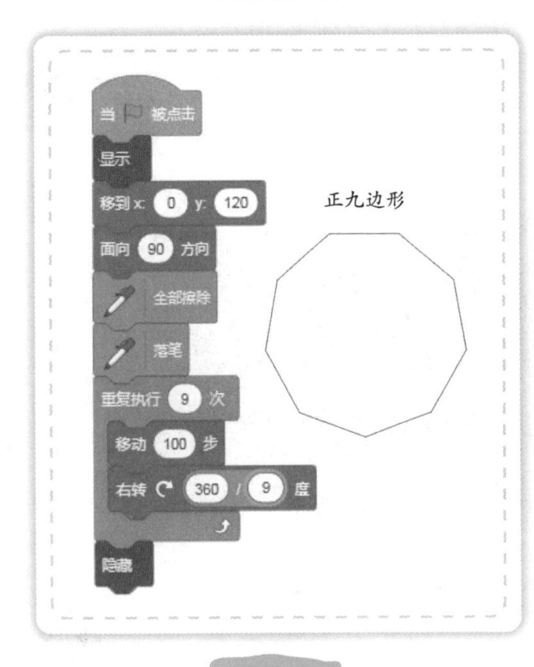

图 2-10

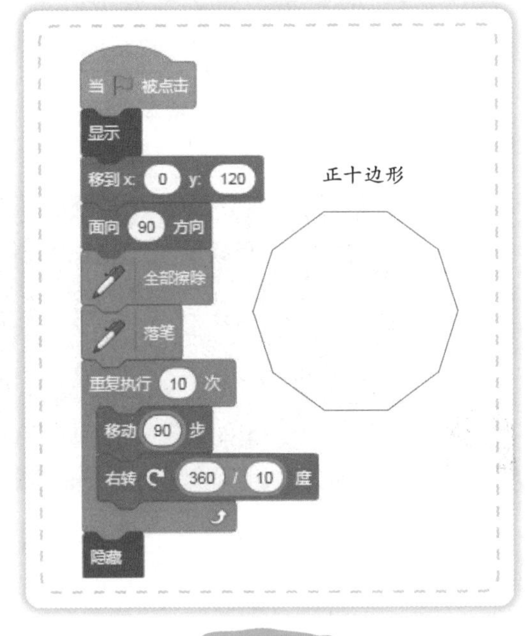

图 2-11

小麦，在编程时，为了不让图形画到舞台之外，我对程序做了一些调整，给小猫定了初始坐标，并随着边数的增加，减少了小猫移动的步数。

格致猫，你考虑问题真严谨，给你点个赞！你再观察一下画好的几幅图，能发现随着边数的增加，正多边形有什么变化吗？

好像是越来越像一个圆了！

对了，那你现在再画个正100边形，看一看结果是什么样的？

好，我试试！只要修改两个参数就可以了，so easy（太容易了）！

程序及运行结果如图2-12所示。

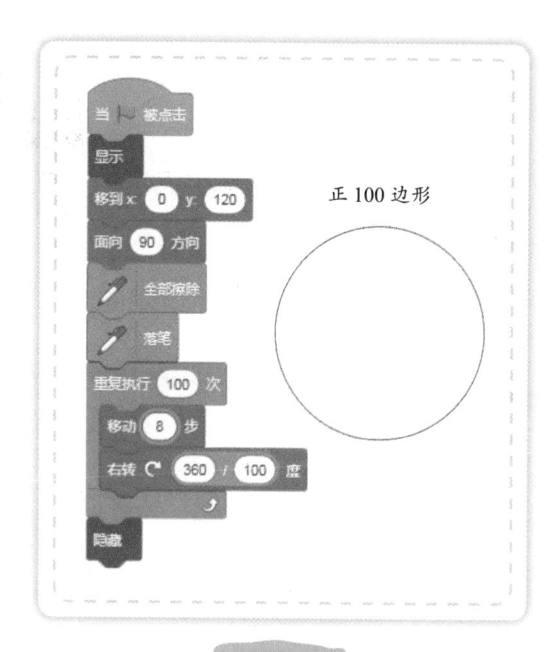

图 2-12

小麦，你快看，它是一个圆！

这下你该明白“方”是怎么变成“圆”的了吧！我国魏晋时期的数学家刘徽早在 1800 多年前就发现了这个规律，并命名为“割圆术”。通过“割圆术”，刘徽计算到了正 192 边形、正 3072 边形，得到了圆周率为 3.1415 和 3.1416 这两个近似值。“割圆术”是我国古代极限思想的体现。

明白了，明白了！数学与编程的结合真是太神奇了！

成长日记

我们学会了利用“重复执行（ ）次”积木画正多边形；了解了正多边形边数与旋转角度之间的关系；对“割圆术”有了初步的认识。

第3节 植树问题

一天放学后，格致猫心情不太好，有点儿沮丧，因为在数学课上一道很简单的数学题他竟然做错了。这不，他正在和小麦说这件事情。

小麦，今天我犯了一个很低级的错误，一道很简单的数学题竟然做错了。

一道什么样的数学题，让我们的格致猫这样不高兴了？

数学课上老师出了这样一道题：“爸爸在乐乐1岁时种下第1棵树，以后每年比前一年多种1棵树，乐乐今年11岁了，爸爸一共为他种了多少棵树？”我想都没想就说出了11棵树，大部分同学也认为是11棵树，可老师说这个结果是错误的。

嗯，这个结果是不对。格致猫，你现在是怎么思考这道题的呢？

我仔细思考了一下，的确是我错了。我没把题目听明白就直接说出了答案。我的答案其实是乐乐11岁时爸爸种的树的数量。而题目告诉我们“以后每年比前一年多种1棵树”。也就是第一年种1棵，第二年应该种2棵，第三年种3棵，以此类推，到乐乐11岁时，也就是第十一年，在这一年里爸爸种的树是11棵。所以乐乐11岁时，爸爸种的树的总数应该是“1+2+3+…+11”。我还列了一个表格（见表3-1）把自己的思路梳理了一下。以后再遇到这样的题目我可不能不假思索地就说答案了。小麦，这道数学题我们能用Scratch编程解决吗？

表 3-1 种植树的数量随乐乐年龄的变化

乐乐的年龄 / 岁	1	2	3	4	5	6	7	8	9	10	11
年植树棵数 / 棵	1	2	3	4	5	6	7	8	9	10	11
总棵数 / 棵	1	3	6	10	15	21	28	36	45	55	66

你分析得很对。这种问题当然可以用编程的方式来解决了！格致猫，你想一想每年种的树的数量在变化，总的棵数也在变化，我们应该用什么来记录它们的变化呢？

我觉得可以用变量。可以建立两个变量，并分别命名为“年植树棵数”和“总棵数”。

对，可以用变量来记录这两个数据的变化。接下来应该怎么做？

小麦，关于变量“年植树棵数”，因为它是每年增加 1 棵树，因此可以用“重复执行”语句，让它每重复执行一次，变量的值就增加 1，积木组合为

。可是变量“总棵数”每年增加的量不是一个定值，该怎么办呢？应该在 将 总棵数 增加 积木中填哪个数值呢？

格致猫，你的思路很对。我们可以用 重复执行 次 、将 年植树棵数 增加 1 和 将 总棵数 增加 三块积木的组合进行编程，运算出最终的总棵数的值。你再观察一下，总棵数每年增加的量是不是本年度的植树量？因此，可以把让变量“总棵数”增加的量定为变量“年植树棵数”。也就是说，增加的值不一定非得是一个定值。

噢，这样我就明白了。我这就把程序完成。

程序如图 3-1 所示。

```
当 🏳 被点击
将 年植树棵数 ▾ 设为 0
将 总棵数 ▾ 设为 0
询问 请输入年龄 并等待
重复执行 回答 次
    将 年植树棵数 ▾ 增加 1
    将 总棵数 ▾ 增加 年植树棵数
说 总棵数 2 秒
```

图 3-1

小麦，我给程序增加了初始化命令，还添加了询问语句，这样就可以计算出任意年龄的植树总棵数了！

Very good（很好）！格致猫，你还能想出其他方法来编写程序吗?

小麦，其实刚才在编写程序的时候，我也考虑能不能用下面这个方法：“年植树棵数”这个变量在乐乐 1 岁时的值为 1，到乐乐 2 岁时，它的值就变为了 2，以此类推，当乐乐 11 岁时，它的值就为 11 了。而“总棵数”这个变量，当乐乐 1 岁时，它的值为 1，当乐乐 2 岁时，它的值就为乐乐 1 岁时的“总棵数”加上 2 岁时“年植树棵数”的值，也就是 1+2，因此，当乐乐 2 岁时，“总棵数”的值就变为了 3。当乐乐 3 岁时，“总棵数”的值就为乐乐 2 岁时“总棵数”的值“3”加上乐乐 3 岁时“年植树棵数”的值“3”，即 3+3，因此，当乐乐 3 岁时，“总棵数”的值就成了 6。

也就是每年的“总棵数”的值等于上一年“总棵数”的值加上今年的“年植树棵数”的值，积木为 将 总棵数 设为 总棵数 + 年植树棵数 。

格致猫，在这里用“‘总棵数’设为‘总棵数＋年植树棵数’”，对于许多刚接触编程时间不长的同学来说可能不太容易理解。其实这里的两个“总棵数”是代表不同时间段的“总棵数”，前面的“总棵数”（“总棵数”①）代表当年的植树总量，后面的“总棵数”（“总棵数”②）代表上一年的植树总量。以第 1 年为例，在程序开始时，“年植树棵数”的值为 0，“总棵数”②的值为 0。经过执行“重复执行 1 次”，“年植树棵数”变为了 1，此时“总棵数”②的值为 0，“总棵数＋年植树棵数”的值为“0+1=1”，这时把这个计算完成后的值再赋给“总棵数”①，此时“总棵数”①的值就变为了 1。

同样的道理，我们再试一下乐乐 2 岁时的结果。2 岁时需重复执行 2 次。执行完第 1 次循环后，“年植树棵数”的值为 1，“总棵数”②的值为 1；执行第 2 次循环时，“年植树棵数”增加 1 变为了 2，此时的“总棵数”②的值为 1，所以“总棵数＋年植树棵数”的值为“1+2=3”。我们把这值再赋给“总棵数”①，所以执行完第 2 次循环后“总棵数”①的值就变为了 3。也就是乐乐 2 岁时，爸爸共植树 3 棵。我们的思路究竟对不对呢？运行一下就可以了！赶紧试一下吧！

格致猫把小麦表述的新思路用程序编写了出来（见图 3-2），然后单击绿旗。

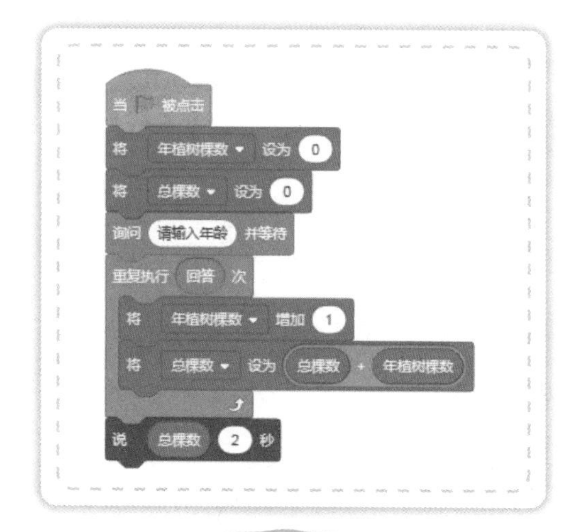

图 3-2

Yeah，成功！

格致猫，你现在心情怎么样？

哇，太爽了！数学与编程使我快乐！

我们对变量的赋值语句有了深入的理解，学会了可以利用表格的方式梳理自己的思路。

第4节 小高斯的问题

雨后初晴，空气清新。格致猫与小麦在院子里闲谈。

格致猫，你知道高斯吗？

当然知道了！高斯是一位德国数学家，被称为“数学王子”！

高斯9岁时，曾经解过一道数学题……

噢？你说的是不是关于高斯求解“从1到100的自然数求和”问题？

对，就是这个数学问题。

我当然知道了。高斯9岁时，有一天他的老师比特纳说：“今天给大家出一道算术题，谁算完，就可以先回家吃饭！”说完，他在黑板上写了一道算术题，题目是这样的：“1+2+3+4+5+…+100=？”同学们都低头做题，老师开始看起了小说，可他没看完两页就听见小高斯说：“报告老师，我做完了。”比特纳头也没抬，就说：“这么快就做完了，肯定不对，回去重做。”小高斯却说：“不会错的，肯定是5050。”老师听到这个答案非常惊讶，因为答案的确是5050。小高斯是这样解的……

等一下，格致猫。我们待会再分析小高斯的解法。你有没有觉得比特纳老师出的这道题和上次我们讨论的植树问题很相似？

小麦，你这么一说还真提醒了我，植树问题是每年增加 1 棵，因此乐乐 11 岁时，爸爸植树的总数是“1+2+3+…+11”。可以用这个思路来解一下比特纳老师的问题。

格致猫迅速完成了程序编写（见图 4-1），单击绿旗，结果为 5050。

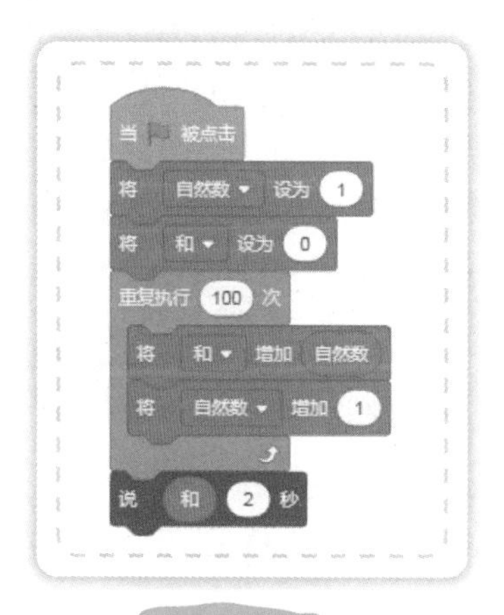

图 4-1

小麦，程序正确，瞬间就运算出了结果 5050。

的确，利用程序瞬间就能运算出结果。但是你思考一下，这个程序的运算方法是不是和小高斯的同学们使用的方法一样呢？只不过是因为计算机的运算速度特别快，所以能瞬间得出结果。

对，这种方法和小高斯的同学们使用的方法是一样的，而小高斯并没有采用这种方法。小高斯发现这些数中，一头一尾两个数相加的和都是一样的，1 加 100 是 101；2 加 99 是 101；3 加 98 是 101……50 加 51 也是 101，就是说一共有 50 个 101，因此很容易就能算出结果是 5050。

对，那么我们能不能用小高斯使用的方法进行编程呢？1，2，3，4，…，100，这些自然数中，相邻两个数的差都为 1。我们把这样的数列叫作等差数列。

我们以 1~9 为例：

正序写一遍 1+2+3+4+5+6+7+8+9
倒序写一遍 9+8+7+6+5+4+3+2+1

把上、下两行相加，会发现每一对上下对齐数字之和都等于首项 1 与末项 9 相加的数字之和。一共有 9 项，所以它们的和为（1+9）×9。由于我们把等差数列写了两遍，所以等差数列的和应该为（1+9）×9÷2=45。人们根据这个规律推出了相邻两数差为 1 的等差数列的求和公式为（首项 + 末项）× 项数 ÷2。其中相邻两数的差叫作公差。

格致猫，根据这些内容，你能不能用等差数列求和公差进行编程呢？

当然可以了！

我新建 首项、末项、项数、和 四个变量，并分别把首项、末项的值赋为 1、100。因为 1~100 共有 100 项，可以把项数的值赋为 100，也可以把末项的值赋给项数，积木组合为

，再利用公式（首项 + 末项）× 项数 ÷2 给变量“和”赋值，积木为

，最终的程序如图 4-2 所示。

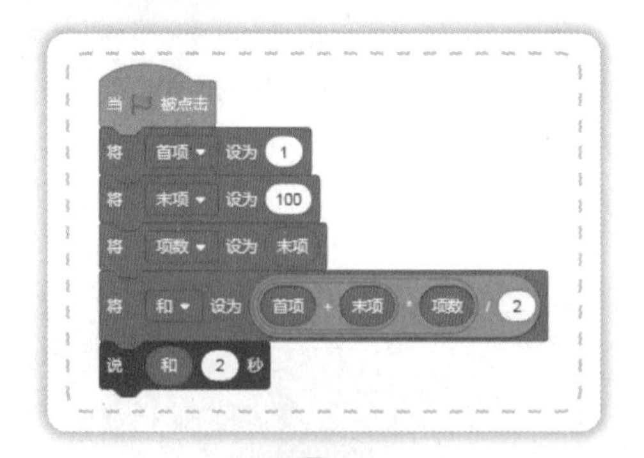

图 4-2

格致猫单击绿旗后看着运行结果有些疑惑。

小麦，我怎么发现这两种方法的运算速度基本一样呢？

当数值较小时，这两种方法几乎没有差别，但是随着数值的增大，它们之间的差异就会越来越大。不信，你可以试一试。

格致猫半信半疑地把数值逐步增大。随着数值的增大，他那疑惑的双眼亮了起来。

哇！小麦，当数值为 1000000 时，运算速度有了明显的差异。

格致猫，从这两个程序中我们可以看到，虽然它们都能解决相同的问题，但是不同的方法的效率是不一样的，这就是人们常说的算法优化。

太神奇了！

格致猫陶醉地伸了一个懒腰，似乎空气中弥漫着成功的喜悦……

我们通过对比不同算法的运行效果，知道了在编写程序时需要对算法进行优化。

第5节 头疼的分数加法

唉，我太难了，这道题我得解到什么时候啊！

格致猫一边做着题，一边在唉声叹气地自言自语。

什么题又把我们聪明伶俐、人见人爱的格致猫难倒了？

小麦看到后在一边打趣道。

唉，别提了，小麦。你看这道题，太难了，你说我得做到几点啊？我还和小伙伴约好了去抓蟋蟀呢！

我看看是一道什么题？哦，原来是$\frac{1}{1}\times\frac{1}{2}+\frac{1}{2}\times\frac{1}{3}+\frac{1}{3}\times\frac{1}{4}+\cdots+\frac{1}{99}\times\frac{1}{100}$，看上去是挺复杂的。但仔细看，似乎也有规律可循。格致猫，沉住气，再好好观察一下，看看能不能找出什么规律来。数学是一门寻找规律的学科……

规律我倒是找到了。小麦，你看它们的分母都是两个连续的自然数，如第一个加式的$\frac{1}{1}$和$\frac{1}{2}$，第二个加式的$\frac{1}{2}$和$\frac{1}{3}$，一直到最后一项的$\frac{1}{99}$和$\frac{1}{100}$。咦？小麦，我突然想到了上次我们研究的小高斯的数学问题，我能不能先用编程的方式把这道题解出来？

用编程的方式解这道题也是一个好思路，格致猫说一说你是怎么考虑的？

小麦，刚才你说找规律提醒了我。我仔细研究了一下这道题，发现它和植树问题、小高斯的问题有一些相似的地方，比如它们都是求一系列数的和，而这一系列的数都有一定的相关性。植树问题是每年的植树量比上一年的植树量多 1 棵。小高斯的问题是连续的自然数。而这道题是每个加式中的两个分母是连续的自然数。因此，在编程时有一定的相似性。

格致猫，你这是举一反三，触类旁通啊！赶紧继续讲一下吧！

小麦，我想是不是可以先建立三个变量，分别命名为“和”“加数”“分母”。其中“和”用来存储各个加式累加的结果，“加数”用来记录不断变化的加式，“分母”用来表示每个加式的第一个分数的分母，那么第二个分数的分母就是“分母”+1。我们分别把“和”的初值设为 0，“分母”的初值设为 1，积木组合为 将 分母▾ 设为 1 将 和▾ 设为 0 。因为需要一直加到$\frac{1}{99}\times\frac{1}{100}$，所以应该重复执行 99 次，在每一次的循环中，执行图 5-1 所示程序，这和植树问题及小高斯的问题中的累加功能有点相似，通过变量“分母”增加 1，引发变量“加数”与“和”发生联动变化。把所有积木组合后完整程序如图 5-2 所示。

小麦，我单击绿旗运行了一下，结果是 0.99。小麦，这个结果对不对呢？

嗯，结果是正确的。

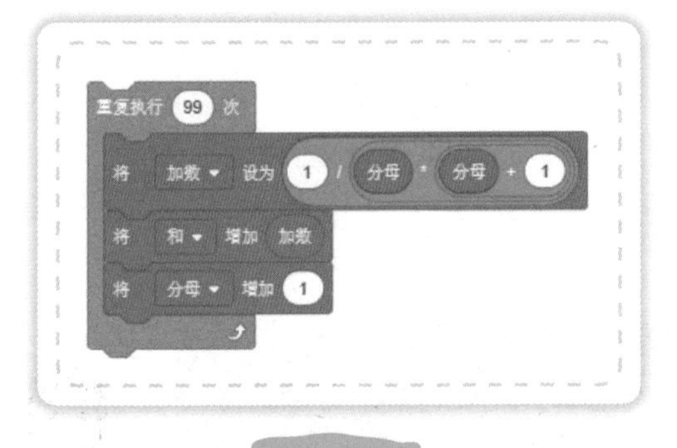

图 5-1

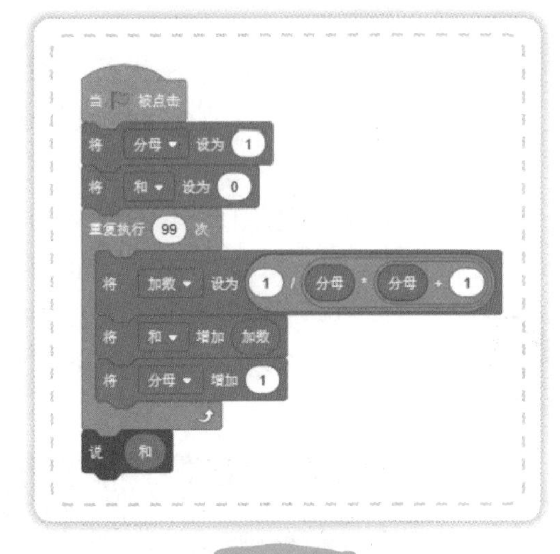

图 5-2

不过，我还有个疑问，就是我是用编程的方法求得的结果，但我怎么交作业呢？这个问题如何用数学的方法求解呢？

别着急，格致猫。我们一块来分析一下。我想到了两种方法。首先我们来看第一种，你先算一下前两个加式的 $\frac{1}{1}\times\frac{1}{2}+\frac{1}{2}\times\frac{1}{3}$ 结果是多少？

$\frac{1}{1}\times\frac{1}{2}+\frac{1}{2}\times\frac{1}{3}=\frac{2}{3}$。

再加上 $\frac{1}{3}\times\frac{1}{4}$ 呢？

$\frac{2}{3}+\frac{1}{3}\times\frac{1}{4}=\frac{3}{4}$。

再加上 $\frac{1}{4}\times\frac{1}{5}$ 呢？

$\frac{3}{4}+\frac{1}{4}\times\frac{1}{5}=\frac{4}{5}$，小麦我好像找到规律了！每加一个加式，结果都是以所加加式的第二个分数的分母为分母，分子等于该分母减一。因此，我推断加到最后一个加式后的结果应该为$\frac{99}{100}$，也就是 0.99。

真棒，格致猫。这是用了推理的方法。还有一种是利用分式变形的方法。

变形的方法？怎么变形？

格致猫，你看$\frac{1}{1}\times\frac{1}{2}$是不是等于$\frac{1}{2}$？$\frac{1}{2}$是不是等于$\frac{1}{1}-\frac{1}{2}$？$\frac{1}{2}\times\frac{1}{3}$是不是等于$\frac{1}{6}$，而$\frac{1}{6}$是不是等于$\frac{1}{2}-\frac{1}{3}$呢？以此类推，$\frac{1}{3}\times\frac{1}{4}=\frac{1}{12}=\frac{1}{3}-\frac{1}{4}$。这时把前几项加式加起来的结果是什么呢？

应该是$\frac{1}{1}\times\frac{1}{2}+\frac{1}{2}\times\frac{1}{3}+\frac{1}{3}\times\frac{1}{4}=\frac{1}{1}-\frac{1}{2}+\frac{1}{2}-\frac{1}{3}+\frac{1}{3}-\frac{1}{4}=1-\frac{1}{4}=\frac{3}{4}$。小麦我好像找到规律了，你看这样经过变形后，第一个加式的后一个分数正好和第二个加式的前一个分数相加为 0，这样一直加下去到最后就会只剩下$1-\frac{1}{100}=\frac{99}{100}=0.99$，与程序运行的结果一样。

格致猫，要是最后一个加式不是$\frac{1}{99}\times\frac{1}{100}$，而是$\frac{1}{999}\times\frac{1}{1000}$，或是$\frac{1}{9999}\times\frac{1}{10000}$呢？或者是更大的数呢？

小麦，根据刚才的推理，我觉得这两个问题的结果应该分别是$\frac{999}{1000}$和$\frac{9999}{10000}$。如果假设最后一个加式的第一个分母是 n，那么结果就应该是$\frac{n}{n+1}$。随着数的增大，结果就越接近 1。而且我觉着大脑在掌握了规律后会运算得特别快。

格致猫，当这个问题中的最后一项的数字越来越大时，结果就会无限接近 1。这个问题也被称为“惠更斯谜题”，是微积分运算原理产生过程中的雏形之一。正如刚才你所说，计算机的优势在于它强大的运算力，而大脑的优势在于强大的思考力。

对，随着技术的发展，计算机给人们带来了越来越多便利，但是人类一定不要产生惰性，要时时刻刻锻炼和发展思维能力，这样人类才会一直是计算机、机器人的主人，掌握着人工智能的发展。

成长日记

我们通过用编程的方法与数学的方法解决“惠更斯谜题”，对微积分有了初步的认识。

第6节 求100以内所有奇数的和

课外活动时间，大家都在操场上活动，格致猫却独自在凉亭下“发呆”。小麦看到后有点儿担心，便朝格致猫走过去。

喂，格致猫，怎么了？大家都在活动，你怎么自己在这里呢？

小麦，你来得正好，我正在思考一件事！

什么事？你吓了我一跳，我还以为你遇到不开心的事了呢！

小麦，上次我们学习了小高斯解100以内自然数之和的问题后，我一直在思考，100以内所有奇数的和是多少？偶数的和是多少？它们谁大谁小呢？

这倒是个好问题，你是怎么想的呢？

嗯？我是这么想的，只要把100以内自然数中所包含的所有的奇数都找出来，再把它们加起来就可以了。

对，这个思路很对。走，我们找台计算机用Scratch把你的思路呈现出来！

打开计算机后，格致猫就不断地尝试拖曳各种积木把自己的思路表达出来。

格致猫，你要用什么办法把奇数都找出来呢？

小麦在一旁问道。

小麦，我是这样考虑的，先判断一个数是奇数还是偶数，如果输入的这个数能被 2 整除，那么它就是偶数，否则就是奇数。你看图 6-1 是我编的判断某数奇偶性的程序，我先建立一个变量并命名为“自然数”，然后用这个变量除以 2，如果余数为 0 就是偶数，否则为奇数。

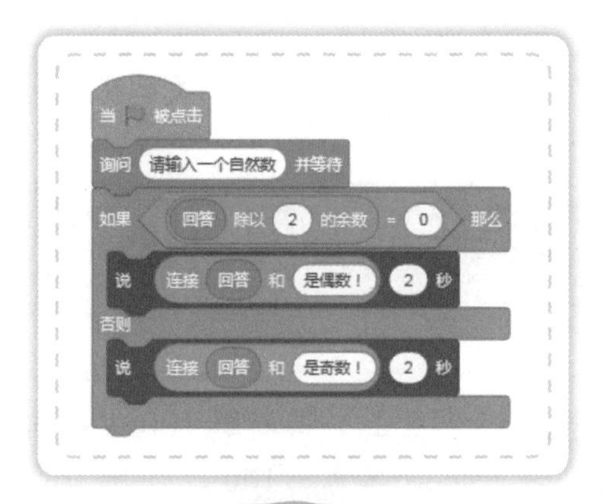

图 6-1

嗯，判断数的奇偶性完成了，那你是怎么把 100 以内的奇数都找出来的呢？

小麦，这正是刚才我思考的问题。100 以内的奇数，1，3，5，7，…，99，一共有 50 个，我怎么让它们都被程序记住呢？小麦，你赶紧给我点提示吧！

格致猫，因为最终你想求的是 100 以内所有奇数的和，因此能不能每找到一个奇数就把它加到“和”里？就像我们在解植树问题时，把每年的植树量都加到“总棵数”里那样。这样是不是就用“和”把所有的奇数都记住了？

对啊，小麦。可以建立一个变量“和”，每找到一个奇数，就加到变量“和”里面。这样找到所有奇数的同时，它们的和也就计算出来了。

格致猫恍然大悟，迅速行动，不一会儿程序就编写出来了。程序如图 6-2 所示。

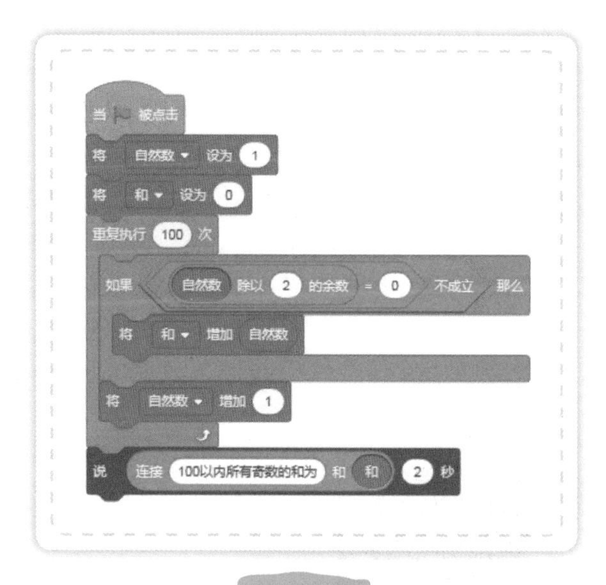

图 6-2

格致猫，你能把你编写程序的思路详细地说一下吗？

首先建立了两个变量，并分别命名为“自然数”“和”，把这两个变量的初始值分别定为“1”“0”。然后重复执行 100 次，每执行一次，变量“自然数”的值增加“1”，这样就得到了 1~100 所有的自然数。每得到一个自然数，就让它除以 2 并判断它的余数，如果余数为 0，那么它就是偶数，否则为奇数。因为在 Scratch 中没有“不等于”积木，所以我就用 不成立 积木来表示。因此，自然数 除以 2 的余数 = 0 不成立 积木组合就代表“自然数”除以 2 的余数不等于 0。

这样每得到一个奇数就把它加到变量“和”里。当得到最后一个奇数时，所有奇数的和也就同时算出来了。

格致猫，你做得真不错！刚才你不是还想知道 100 以内自然数中所有奇数的和与所有偶数的和谁大谁小吗？你能不能修改一下这个程序，直接进行比较？

嗯？让我想一想，应该是可以的。我可以借鉴第一次求奇数和偶数的思路，通过判断数的奇偶性把每个奇数、偶数分别找出来，同时把它们分别加到变量“奇数和”“偶数和”中就可以了。

程序如图 6-3 所示。

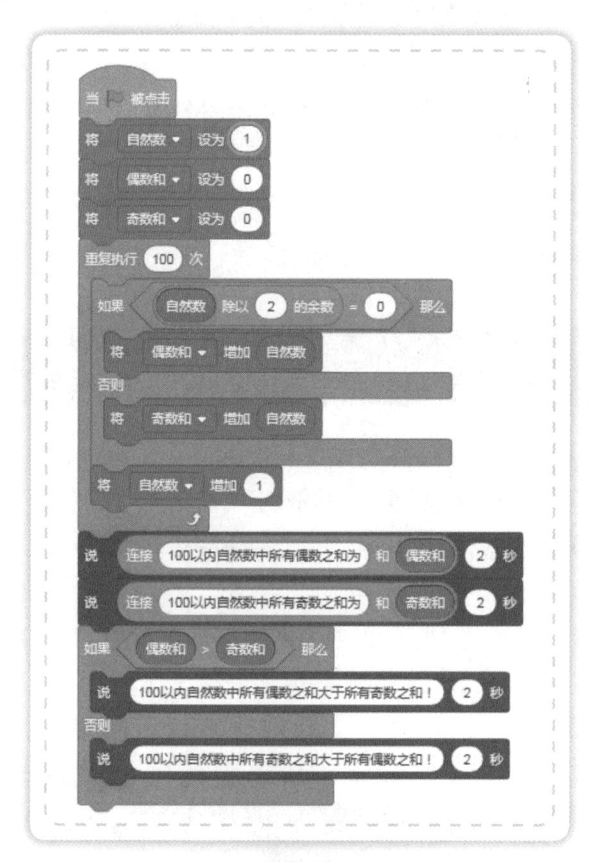

图 6-3

格致猫，运行结果是什么？

所有偶数和是 2550，所有奇数和是 2500。

格致猫，大脑虽然运算速度没有计算机快，但是可以利用巧妙的方法。以这个题为例，所有的奇数是 1,3,5，7，…，99，所有的偶数是 2，4，6，8，…，100，每个对应位置的偶数都比奇数多 1，一共有 50 个奇数，50 个偶数，所以 100 以内所有偶数之和比奇数之和多 50。

对，对！思维真神奇！

我们学会了利用取余的方式判断一个数的奇偶性并用程序呈现出来。

第7节 鸡兔同笼

格致猫正在网上浏览新闻，突然发出了一声惊呼。

什么？这是真的吗？

怎么了？格致猫，一惊一乍的。

你快来看，小麦。这只鸡竟然长了6条腿，而且我们吃的汉堡有可能就是用这种鸡腿做成的。你说恐怖不恐怖？

唉！这是假新闻，已经辟谣很多次了。格致猫，你一定要记住学会甄别网上的谣言，不信谣不传谣！

嗯嗯，记住了，下不为例！

格致猫不好意思地说。

不过，格致猫，说到鸡腿我倒是想到了我国古代一道有趣的数学题。“今有雉兔同笼，上有三十五头，下有九十四足，问雉兔各几何？”这是记录在《孙子算经》里的鸡兔同笼问题。你能解出来吗？

我看看。鸡、兔共有35个头，说明鸡和兔的总数是35，如果这35只全是鸡，每只鸡有2个鸡爪，那么应该有70个鸡爪，但是共有94个“足”，这样就还多24个“足”，那这24个“足”应该是兔的。

假设头都为鸡的，而鸡都有2个“足”，兔有4个“足”，因此就有这么一种可能，这35只鸡中有部分“怪物”，它们长着鸡头，但是有2个鸡“足”，2个兔“足”。这种“怪物”有几只呢？因为还剩下24个“足”，而这种“半鸡半兔怪物”有2个兔“足”，24÷2=12，所以这种“怪物”应该有12只，想一想真恐怖呀！哈哈，但是这种“怪物”是不存在的。因此，这12只所谓的“半鸡半兔”的“怪物”应该就是兔，所以兔有12只，那么鸡就有35−12=23只了。

哈哈，格致猫，你这种“半鸡半兔怪物”的解释方法还真新奇。看来你认真思考了。那你能用Scratch编程的方法来求解吗？

当然可以啦！

在这个题中，可以建立两个变量“鸡”和“兔”，这两个变量的数量关系为“鸡”+“兔”=35，而且还有一个限制条件就是2×“鸡”+ 4×“兔”=94。因此，可以使变量“鸡”从0开始逐步增加1，而变量“兔”等于35减去变量“鸡”，即“兔”=35−“鸡”。当“鸡”增加到满足条件2×“鸡”+4×“兔”=94时，变量“鸡”“兔”就不再发生变化了。也就是说我们要不断地使用“重复执行直到”积木，使变量“鸡”和“兔”的数值代入条件“2×鸡+4×兔=94”中，积木组合为

，如果没满足这个条件，那么循环就继续进行，直到满足这个条件，循环不再进行为止。此时变量“鸡”“兔”的值就为鸡、兔的数量。

格致猫单击图 7-1 中的绿旗后得到鸡的数量为 23，兔的数量为 12。与刚才分析的一样。他开心地跳了过来。

格致猫，我们也可以用枚举法进行求解。所谓枚举法就是把所有有可能的结果都试一遍，直到把所有符合要求的结果找到为止。因此，在这个程序中，我们可以让变量“鸡”的数值从 1 到 35 都试一遍，把所有的可能性都找一遍。格致猫，你也可以试一下这个思路。

格致猫按照小麦的思路重新搭建了一遍程序，如图 7-2 所示，运行结果也是鸡 23 只、兔 12 只。

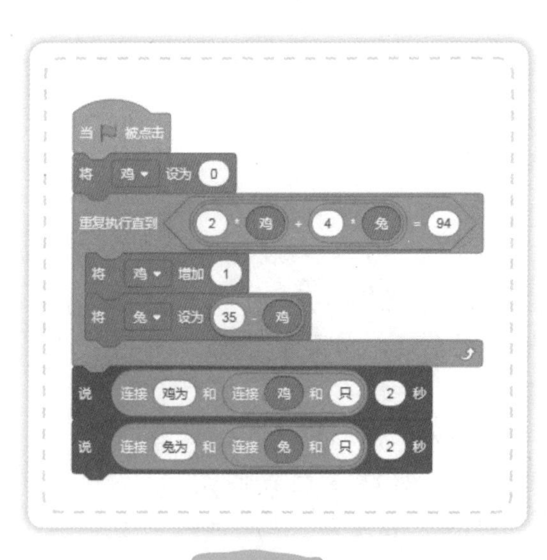

图 7-1

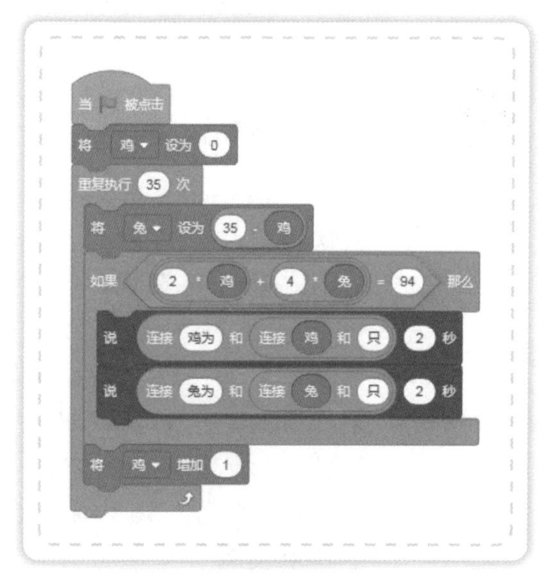

图 7-2

格致猫，你再看一下图 7-3 所示的这个程序，它有什么问题吗？

格致猫把这个程序搭建完成，单击绿旗后发现鸡为 25 只，兔为 11 只。

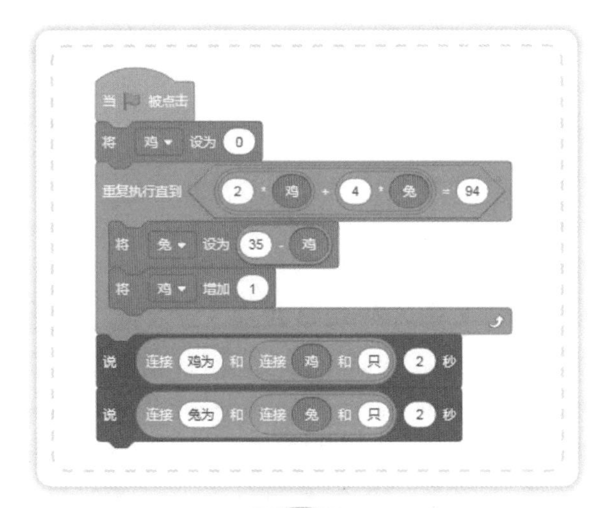

图 7-3

小麦，我觉得这个程序是正确的啊？为什么结果不正确呢？

格致猫，你仔细观察一下你的程序和这个程序的“重复执行直到”开口框中积木的顺序是否一样？

两个程序如图 7-4 所示。

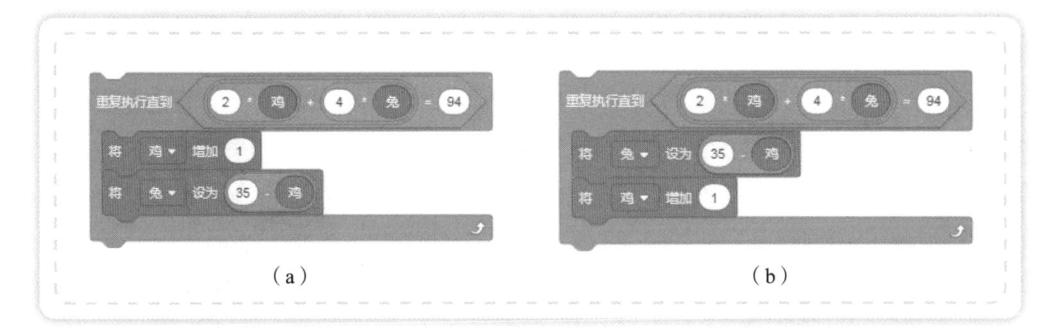

图 7-4

将 鸡 增加 1 积木的位置不一样，我的程序中它在上面，而错误程序中它在下面。

那你想一下它的位置会带来什么影响?

格致猫用手指在程序上比画了起来。

我明白了！假设鸡的初始值为 0，当 将 鸡 增加 1 积木在上面时，执行完这块积木，变量“鸡”的值变为 1，变量“兔”的值为 34。程序跳出这次循环，把“鸡 =1”“兔 =34”的值代入“2 × 鸡 +4 × 兔 =94”条件中进行验证，看一看是否符合条件。而这块积木在下面时，同样变量“鸡”的初始值为 0，由于先执行“兔 =35− 鸡”，所以此时兔的值为 35，接着又执行 将 鸡 增加 1 积木，此时鸡的值变为了 1，而兔的值为 35。程序跳出这次循环时，是把“鸡 =1”“兔 =35”的值代入“2 × 鸡 + 4 × 兔 =94”的条件中进行验证，因此运行这个程序结果就出现了错误。

不错，你现在也是火眼金睛了！

格致猫不好意思地挠了挠脑袋笑了……

成长日记

我们学会了如何找到控制循环执行的条件，从而利用枚举法进行问题的求解；学会了通过模拟运行的方式修改程序中的 bug（漏洞）。

第8节 走轨迹的小猫

周末，格致猫坐在计算机旁，不时发出惊叹声，小麦很好奇。

格致猫，你看什么呢？这么兴奋。

小麦，我正在运行老师发送给我们的“走轨迹的小猫”的程序。你看，我用画笔写一个字后，一按空格键，小猫就会自动地把刚刚写的字描一遍。太神奇了，小猫是怎么记住画笔的轨迹的呢？小麦，你说在Scratch中我们怎样找到一个角色的踪迹呢？

我们可以通过坐标来寻找角色的踪迹。格致猫，今天我们也一起做一个会走轨迹的“小猫”，看一看“小猫”是如何把画笔的轨迹描画出来的吧！

小麦，是不是在这个程序中需要两个角色——“小猫”与“画笔”？“画笔”先动，然后让“小猫”把“画笔”的运动轨迹显示出来？

对，当我们按下鼠标左键时，“画笔”出现并跟随鼠标移动，同时留下运动轨迹。当我们按下空格键时，“小猫”就能按照“画笔”的行走路线重走一遍。

小麦，“画笔”运动的程序我能设计出来。首先添加一个“画笔”的角色。因为要留有痕迹，很明显是需要调用“画笔”模块的，单击添加模块按钮，选择就可以添加“画笔”模块了。

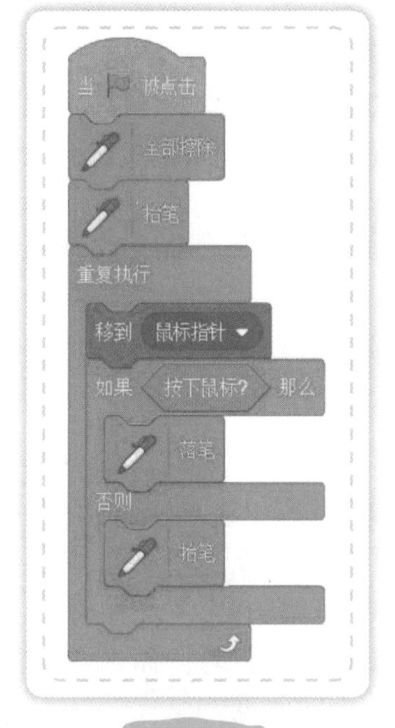

图 8-1

因为“画笔”一直跟随鼠标移动，且当鼠标左键被按下时会留下痕迹，因此我们可以用图 8-1 所示的积木组合进行编程。但如何才能把“画笔”的运动轨迹记录下来呢？

这就需要列表帮忙了。可以新建两个列表，分别命名为“x”“y”，它们的作用是记录“画笔”运动时的 x、y 坐标值。因为舞台上的每个点都可以用 x、y 坐标来表示，所以把“画笔”运动时经过舞台上点的 x、y 坐标记录在列表中，也就相当于记住了“画笔”的运动轨迹。因为“画笔”跟随鼠标指针运动，所以把鼠标的 x 坐标与 y 坐标加入 x 列表和 y 列表中就可以了。

小麦，你看是不是 [将 鼠标的x坐标 加入 x] [将 鼠标的y坐标 加入 y] 这样的积木组合呢？

对，但一定要记住进行初始化，即程序开始时要删除列表中保留的以前的数据，积木组合为 [删除 x 的全部项目] [删除 y 的全部项目]。那么“画笔”运动的完整程序应该如图 8-2 所示。

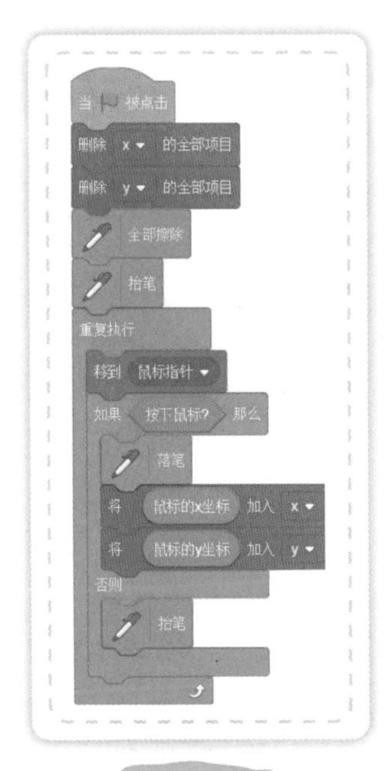

图 8-2

小麦，“画笔”的程序写完了，那“小猫”怎样才能找到“画笔”的运动轨迹呢？

别着急，格致猫。你先让“画笔”走一走试一下。

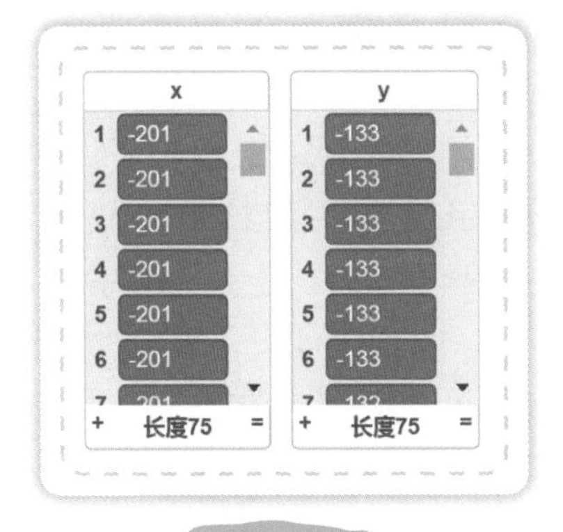

图 8-3

小麦，“画笔”真的在跟着鼠标指针运动，并且留下了运动痕迹，而且两个列表都记录了数据（见图 8-3）。

格致猫，你仔细观察一下，两个列表中是不是都有 1，2，3，…这些数字？我们把这些数字叫作列表的“项”。x 列表与 y 列表中的第 1 项所记录的数据就是“画笔”运动的第一个点的 x 坐标与 y 坐标。长度 75 说明这两个列表各有 75 项，也就是程序记录了“画笔”从开始运动到停止运动过程中 75 个点的坐标。

小麦，我明白了。只要让“小猫”把这 75 个点都走一遍就能把“画笔”的运动路线重走一遍了。我们可以找一个类似指针的东西，一开始指在列表的第一项，然后一下一下地往下动，每动一次就指着列表的下一项，直到列表的最后一项，并且这个指针边往下动，边告诉“小猫”现在到哪一项，指挥着“小猫”运动到这一项 x 坐标和 y 坐标所代表的那个点上。

不错，格致猫，继续……

因此，可以建立一个变量“指针”，它不断地增大，直到它的数值等于列表的长度，在它增大的同时指挥“小猫”移动到列表相应项 x 坐标、y 坐标所代表的点上。因为 x 列表与 y 列表的长度相同，所以重复执行的次数应该是 x 列表的长度或 y 列表的长度。

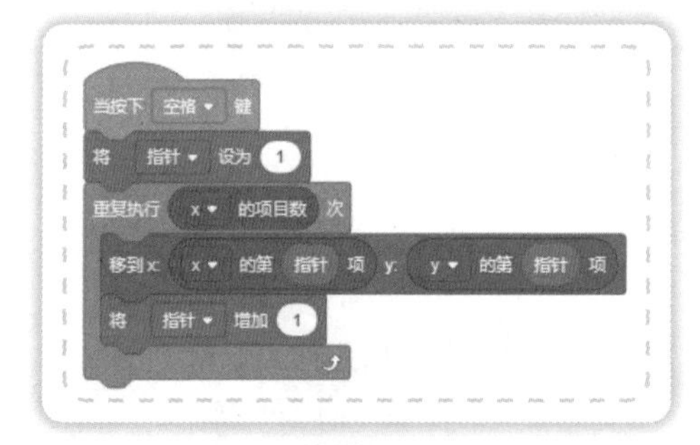

图 8-4

同样需要注意的是“小猫”启动的条件是“空格键按下”，且变量“指针”的初始值应该是 1。程序（见图 8-4）写完了，试试效果如何！

当看到“小猫”成功地走完画笔的运动路线后，两个小伙伴高兴地击掌庆贺。

我们学会了利用坐标记录角色的运行轨迹，知道了如何读出列表中所有项的值。

第9节 判断平闰年

格致猫正在看一本课外图书扩展知识面，突然他发现了一个问题。

小麦，你说怪不怪，这本书上说这个同学17岁了，但只过了4次生日，这是怎么回事？

格致猫，不要奇怪，只是这种现象比较少而已。你想一想他的生日是哪天才会每4年出现一次呢？

小麦，你这么一说，我倒是想起来了，年份分平年和闰年，平年是365天，闰年是366天，闰年比平年多的一天放在了2月，也就是闰年的2月是29天，即闰年有2月29日，而平年没有。四年一闰，因此这位同学一定是2月29日出生的，每4年过一次生日，所以他17岁之前只过了4次生日。

格致猫，你的推理能力真是越来越强了。你说的基本正确，但是闰年并不仅仅是四年一闰，它还有两个条件就是百年不闰，四百年再闰。

嗯，记住了，小麦。那我们能用Scratch编程的方法来判断某年是平年还是闰年吗？

当然可以了，格致猫，赶快开动你的小脑筋试一试吧！

我们可以先通过询问积木输入需要判断的年份。

四年一闰，所以闰年应该是 4 的倍数，也就是能被 4 整除。因此用要判断的年份除以 4，如果余数不为 0，即它不能被 4 整除，则它一定不是闰年。如果余数为 0，那它就有可能是闰年。百年不闰，四百年再闰，也就是如果要判断的年份能被 100 整除，那它就有可能是平年。如果它同时是 400 的整数倍，那它就是闰年，否则为平年。

根据以上分析，我们第一步应先确定输入年份是否是 4 的整数倍［图 9-1（a）］，第二步确定是否是 100 的整数倍［图 9-1（b）］，第三步确定是否是 400 的整数倍［图 9-1（c）］。把第二步判断是否为 100 的整数倍嵌套到第一步中，从而得出所有是 4 的整数倍且不是 100 的整数倍的年份为闰年。把第三步判断是否为 400 的整数倍嵌套到第二步中，从而得出所有既是 100 的整数倍又是 400 的整数倍的年份为闰年。

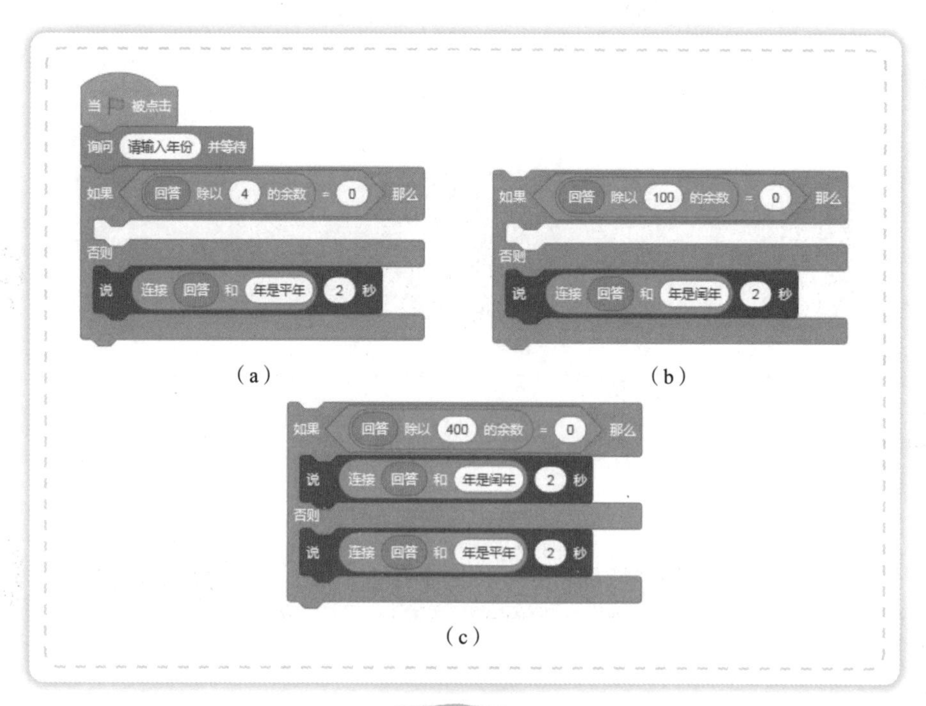

图 9-1

完整程序如图 9-2 所示。我们分别输入 1900、2000、1996、1998 后，发现 1900 虽然能被 4 整除但同时也能被 100 整除，且不能被 400 整除，所以 1900 年为平年。2000 能被 4 整除，也能被 100 整除，也能被 400 整除，所以 2000 年为闰年。1996 年能被 4 整除，不能被 100 整除，所以是闰年。1998 不能被 4 整除，所以是平年。

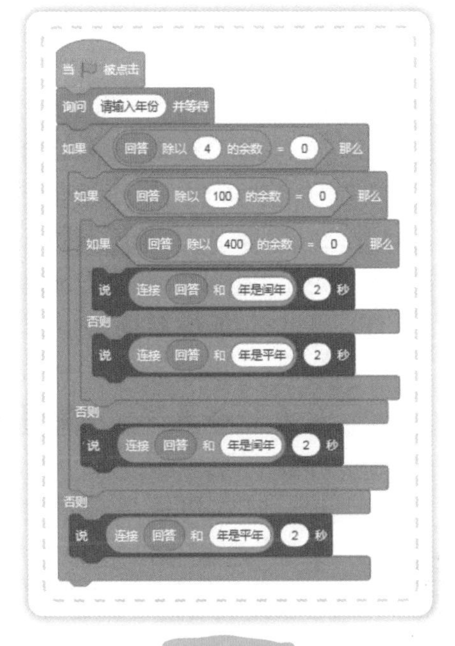

图 9-2

不错，格致猫，你用了选择结构的嵌套方式进行判断。你再思考一下还有没有其他方法？

小麦，其实刚才在编程的过程中我就在思考。“四年一闰，百年不闰，四百年再闰。”是不是就是这样两种情况？

第一种情况：如果输入的年份能被 4 整除但是不能被 100 整除，那么这个年份就是闰年，否则为平年。第二种情况：如果输入的年份能被 400 整除，那么它就是闰年，否则为平年。

对，格致猫，你分析得很对。你打算如何通过编程实现呢？

小麦，你看刚才这两种情况其实也可以用这种方式表达出来：如果输入年份能被 4 整除并且不能被 100 整除，或者能被 400 整除，那么它就是闰年，否则就是平年。其中是否能整除我们可以用 除以 的余数 积木进行运算。 与 积木表示前后两个条件都得满足，就是“并且”的意思。不能被 100 整除，也就是这个年份整除 100 不成立，即这个年份除以 100 的余数为 0 不成立，可以用 除以 的余数 、 不成立 两块积木组合表示。 或 积木表示前后两种情况都可以，也就是第一种情况或第二种情况都可以，因此，可以用这块积木把“能被 4 整除且不能被 100 整除”“能被 400 整除”两种情况连接起来。所以根据以上分析，编写的程序如图 9-3 所示。

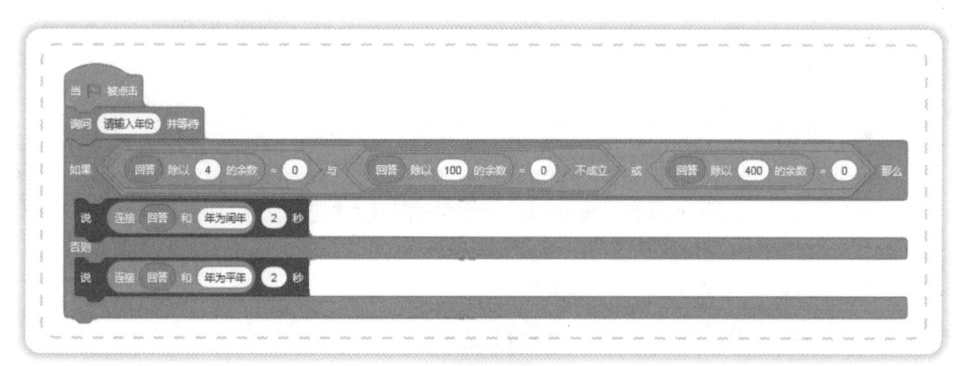

图 9-3

格致猫，真棒！给你点赞！

哈哈……

我们学会了用条件嵌套及逻辑“与”“或”与取余的方式进行平闰年的判断。

第10节 判断生肖

格致猫，你在干什么呢？

我正在看漫画版《西游记》呢！

格致猫，我给你出个题吧！看看你是用心看书了还是只看了个热闹。

我当然是用心看了，你说吧，要出什么题？

孙悟空属什么？

那还用说嘛，当然是属猴了！

哈哈，我猜你一定会这么回答。但是十分遗憾，回答错误！

什么？孙悟空不属猴？那他属什么？

哈哈，别心急。要想知道答案，你得先编一个判断生肖的程序，让程序去判断一下孙悟空的属相。

哼！不就是编一个判断生肖的程序嘛，这可难不倒我。子鼠、丑牛、寅虎，虎完了是什么呢？

格致猫，你可别小瞧了这 12 生肖。没点儿小技巧，还真不好记。你可以 4 个一组，分三组记住。“子鼠、丑牛、寅虎、卯兔”；“辰龙、巳蛇、午马、未羊”；“申猴、酉鸡、戌狗、亥猪”。你也可以用这首儿歌辅助记忆：一只老鼠坐花轿，两只黄牛哞哞叫，三只老虎下山来，四只兔子啃萝卜，五条巨龙空中舞，六条金蛇尾巴摇，七匹红马忙赶路，八只山羊吃青草，九只小猴荡秋千，十只小鸡把虫找，十一只花狗汪汪汪，十二只小猪来献宝。

唉，你别说。小麦，用你这两个方法我很快就把 12 生肖记住了呢！

说完，格致猫就开始试着编写程序。

小麦，根据上次我们编写的判断平、闰年程序中的四年一闰，12 生肖是 12 年轮一次，因此我觉得应该也是通过求年份与 12 的余数进行判断的，但是我试了几个年份发现结果都不对。例如 2021 年是牛年，但是 2021 与 12 的余数是 5，对应的生肖是第五个，也就是龙，显然是不对的，这是为什么呢？

格致猫，利用年份与 12 的余数进行判断的这种思路很对，但是得看是谁与 12 的余数。我们一起来分析一下。格致猫，你看一下下面这个生肖与年份的对照表（见表 10-1）。以鼠年为例，在这个表格中第一个鼠年是 1900 年，第二个鼠年是 1912 年，第三个鼠年是 1924 年。你从中发现了什么？

我看一下！嗯？它们的差与 12 的余数是 0。

对，你再看一下牛年的年份与 1900 之间有什么联系呢？

表 10-1 12 生肖与部分年份对照表　　单位：年

子 鼠	丑 牛	寅 虎	卯 兔	辰 龙	巳 蛇	午 马	未 羊	申 猴	酉 鸡	戌 狗	亥 猪
1900	1901	1902	1903	1904	1905	1906	1907	1908	1909	1910	1911
1912	1913	1914	1915	1916	1917	1918	1919	1920	1921	1922	1923
1924	1925	1926	1927	1928	1929	1930	1931	1932	1933	1934	1935
1936	1937	1938	1939	1940	1941	1942	1943	1944	1945	1946	1947
1948	1949	1950	1951	1952	1953	1954	1955	1956	1957	1958	1959
1960	1961	1962	1963	1964	1965	1966	1967	1968	1969	1970	1971
1972	1973	1974	1975	1976	1977	1978	1979	1980	1981	1982	1983
1984	1985	1986	1987	1988	1989	1990	1991	1992	1993	1994	1995
1996	1997	1998	1999	2000	2001	2002	2003	2004	2005	2006	2007
2008	2009	2010	2011	2012	2013	2014	2015	2016	2017	2018	2019
2020	2021	2022	2023	2024	2025	2026	2027	2028	2029	2030	2031
2032	2033	2034	2035	2036	2037	2038	2039	2040	2041	2042	2043
2044	2045	2046	2047	2048	2049	2050	2051	2052	2053	2054	2055
2056	2057	2058	2059	2060	2061	2062	2063	2064	2065	2066	2067
2068	2069	2070	2071	2072	2073	2074	2075	2076	2077	2078	2079
2080	2081	2082	2083	2084	2085	2086	2087	2088	2089	2090	2091
2092	2093	2094	2095	2096	2097	2098	2099	2100	2101	2102	2103

它们与 1900 的差除以 12 的余数是 1。小麦，经你这么一提醒，我好像发现了什么，所有虎年与 1900 的差除以 12 的余数是 2。以此类推，其他生肖年份与 1900 的差除以 12 的余数分别是 3，4，…，11。因此可以以 1900 为基准年份，通过判断某个年份与 1900 的差除以 12 的余数从而推算出这个年份的生肖。

对，格致猫。你再思考一下可以通过什么把余数与生肖联系起来呢？你还记着我们编过的“走轨迹的小猫”的程序吗？我们当时是通过什么让“小猫”找到“画笔”的运动轨迹的呢？

我们是通过列表把“画笔”的运动轨迹坐标储存下来，然后通过指针引导“小猫”把“画笔”的运动坐标走了一遍。噢，我明白了！在这个程序中，也可以用列表把所有的生肖储存下来，然后利用年份与 1900 的差除以 12 的余数作为指针找到年份对应的生肖。

很好，格致猫，这次你的思路好多了！但还有一个细节需要注意，就是列表的项数是从第一项开始的。

对，对，我刚才忽视了这一点。因此，只要把某个年份与 1900 的差除以 12 的余数加上 1 作为指针就可以从生肖列表中找到对应的生肖了。

小麦，你看我先新建一个列表并命名为“生肖”，然后把 12 个生肖输入到里面（见图 10-1）；再新建一个变量命名为“指针”，并把询问“请输入出生年份”的回答与 1900 的差除以 12 的余数再加上 1 的值赋给它，积木组合为 将 指针 设为 回答 - 1900 除以 12 的余数 + 1。最后通过这个指针在列表中找到对应的生肖并显示出来，积木组合为 说 连接 你的生肖是 和 生肖 的第 指针 项 2 秒。这是我编写的程序（见图 10-2）。我试了试，输入“2021”，显示生肖为丑牛。输入“2018”，显示生肖为戌狗，都正确。

小麦，程序我编好了，你快告诉我孙悟空的属相吧！

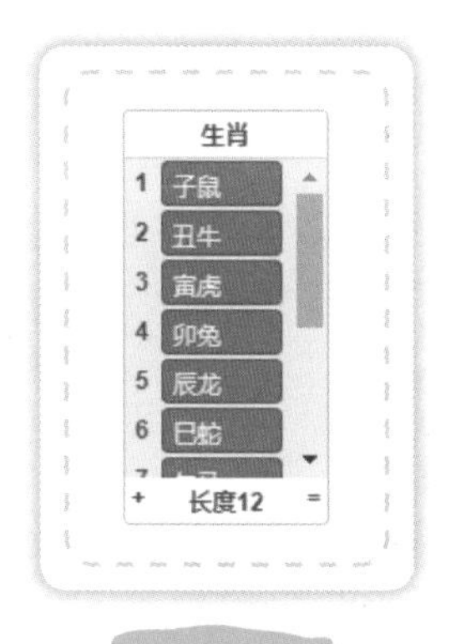

图 10-1

图 10-2

哈哈，据有心人根据孙悟空从出世一直到唐僧从五指山把他救出的时间推断，孙悟空于公元前 579 年从石头中蹦出，因此你可以算一下他应该属什么。

公元前 579 年可以看作是 −579 年，输入程序——巳蛇。哇，孙悟空不会是属蛇的吧！

格致猫，有个地方你需要注意一下：那就是公元元年其实是公元 1 年，没有公元 0 年，也就是公元 1 年的前一年就是公元前 1 年。我们在进行数学运算时按照 −1，0，1 进行运算，它们之间差 2，但是作为公元纪年的话，它们之间差 1。我们多减了 1 年，因此应该把它们的差中多减的这 1 年再加上。所以巳蛇后面应该是午马，也就是孙悟空是属马的。

哇，老孙原来是属马的！小麦，听你这么一说我可以把程序再修改一下，加上一个选择结构，如果年份小于 0，那么指针就是余数加 2，否则指针就是余数加 1。

修改后的程序如图 10-3 所示。

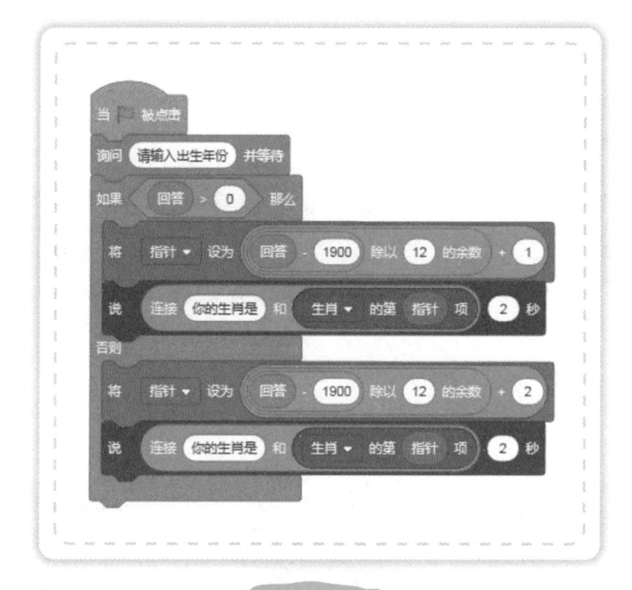

图 10-3

格致猫，你反应这么快啊！给你点个赞！

哈哈，俺老孙是属马的……

我们通过找基数的方法建立了求解生肖问题的数学模型，并通过分析的方法推导出公元前生肖的计算方法。

第11节 判断星座

格致猫，我看你眉头紧皱，又遇到什么难题了？

小麦，我正在研究12星座呢！上次我们编写了用Scratch推测生肖的程序后我就想能不能编一个判断星座的程序，可是你看这张12星座排序表（见表11-1），我怎么找不到规律呢？12生肖我们可以用取余的方法进行判断，12星座同样和12有关，怎么不能用取余的方法进行判断呢？而且它的第一个星座白羊座还是从3月21日开始的，这更让我迷惑了。

表11-1　12星座排序表

标志	星座	拉丁名称	出生日期（阳历）	别名
♈	白羊座	Aries	3月21日—4月19日	牧羊座
♉	金牛座	Taurus	4月20日—5月20日	—
♊	双子座	Gemini	5月21日—6月21日	—
♋	巨蟹座	Cancer	6月22日—7月22日	—
♌	狮子座	Leo	7月23日—8月22日	—
♍	处女座	Virgo	8月23日—9月22日	室女座
♎	天秤座	Libra	9月23日—10月23日	—
♏	天蝎座	Scorpio	10月24日—11月22日	—
♐	射手座	Sagittarius	11月23日—12月21日	人马座
♑	摩羯座	Capricorn	12月22日—1月19日	山羊座
♒	水瓶座	Aquarius	1月20日—2月18日	宝瓶座
♓	双鱼座	Pisces	2月19日—3月20日	—

嗯，格致猫，让我先研究研究这张表。

说完，小麦开始仔细看着这张表，边看边用手比画着。

格致猫，我刚才仔细研究了一下这张表，首先建议你把这张表中 12 星座的顺序按照日期重新排一下，可以从 1 月开始排，也就是从水瓶座开始。

好嘞，小麦。我试试！

说着格致猫就新建立了一个表格，按照日期从小到大重新进行了排序，如表 11-2 所示。

表 11–2　12 星座重排表

星座	起始时间	截止时间
水瓶座	1 月 20 日	2 月 18 日
双鱼座	2 月 19 日	3 月 20 日
白羊座	3 月 21 日	4 月 19 日
金牛座	4 月 20 日	5 月 20 日
双子座	5 月 21 日	6 月 21 日
巨蟹座	6 月 22 日	7 月 22 日
狮子座	7 月 23 日	8 月 22 日
处女座	8 月 23 日	9 月 22 日
天秤座	9 月 23 日	10 月 23 日
天蝎座	10 月 24 日	11 月 22 日
射手座	11 月 23 日	12 月 21 日
摩羯座	12 月 22 日	1 月 19 日

格致猫，现在你再观察一下，看一看有什么发现。

小麦，这样重新一排序比刚才清晰多了。我发现每个星座分别分布在两个月中，或者也可以说一个月包含着两个星座。而且基本上是在每月的 20 日附近分成两部分，上半部分属于一个星座，下半部分属于另一个星座。

因此……

因此，我们可以通过询问语句先输入“月份”，在“月份”中再根据每月的分界点来划分不同的星座。以1月为例，可以像图11-1这样编程。以此类推，把每个月中有哪两个星座，它们的分界日期是哪一天找准后就可以用程序把它们判断出来了。不过，这样编写出来的程序特别长，不便于阅读。小麦，我又想了想，是不是可以把每个月的程序用一个新的积木来表示呢？如1月的星座判断程序我们可以用“一月”这个新建积木来表示（见图11-2）。

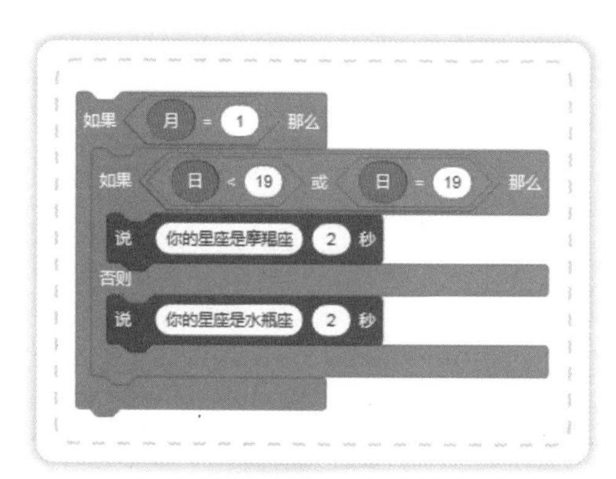

图 11-1

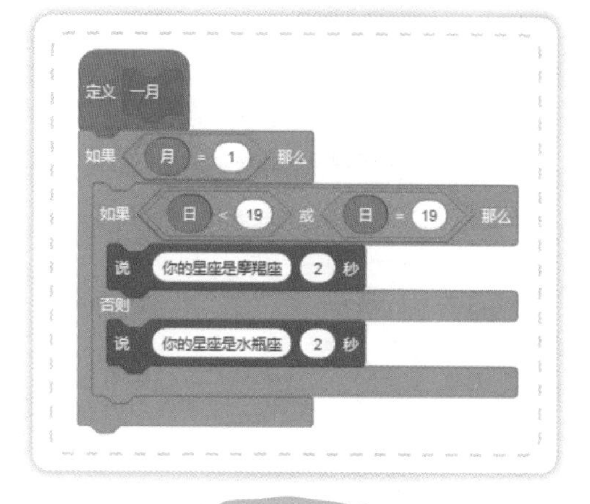

图 11-2

这样整个程序就简洁多了，也便于阅读了（见图11-3）。

格致猫，这个编程思路很好，但正如你说的，程序有一点儿长，而且每个月都需要我们输入条件进行判断。你再思考一下有没有更简洁的方法。你可以想一下走轨迹的小猫和判断生肖的程序，我们能不能借助列表来帮忙呢？让不同的列表分别记住不同星座的起始时间和截止时间，同样让指针来判断我们输入日期是在哪个星座的时间范围内。

格致猫听后，恍然大悟，拍了一下脑门。

对，对，对！小麦，我刚才怎么没想到用列表来帮忙呢？小麦，你看这样行吗？我建立3个列表，分别命名为“星座”“起始时间”和“截止时间”，再建立一个变量，命名为“指针”。把星座、每个星座的起始时间、截止时间一一对应输入的相应的列表中（见图 11-4），需要注意的是日期都是按照“月月日日”的格式输入的，如果月和日的值小于 10，就在十位上用 0 来表示，比如 1 月 1 日，就得输入“0101”。

图 11-3

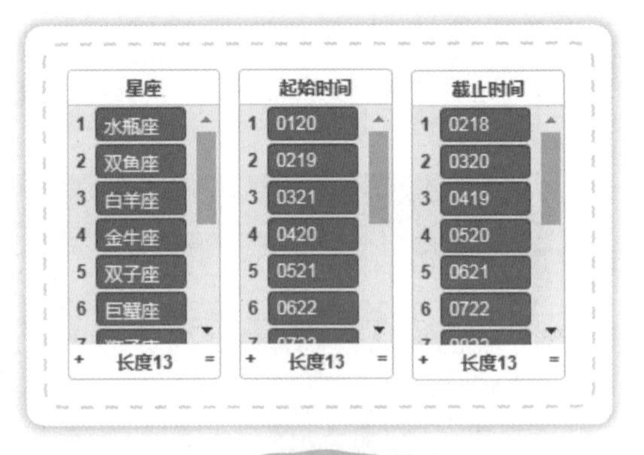

图 11-4

再把“指针”的初始值设为 1，积木为 将 指针 设为 1 。还是以水瓶座为例，如果询问语句的回答大于或等于 0120，且小于或等于 0218，说明这个回答在水瓶座的时间范围内，那么就显示为水瓶座。如果不在这个时间范围内，就把指针的值增加 1，让它与列表的下一项做对比，直到在列表中找到与回答对应的时间范围，并把与之对应的星座显示出来为止。

嗯，这个思路不错，说一说你具体是怎么做的吧！

好的。因为列表的长度为 13。所以选择重复执行直到指针的值大于 13，积木为 重复执行直到 指针 > 13 ，然后进行判断，如果回答的值大于或等于起始时间列表的第一项并且小于或等于截止时间列表的第一项，那么就找到了对应的星座，这样把结果说出来就可以；否则指针增加 1，与起始时间列表和截止时间列表的下一项进行比较，直到在列表中找到与它对应的时间范围为止。

但是在 Scratch 中没有大于或等于这块积木，可以用两种方法表示，一种是用 ○ > ○ 或 ○ = ○ 积木替代，另一种是用 ○ < ○ 不成立 积木替代。为了使程序更简短，我使用了第二种方法。 回答 < 起始时间 的第 指针 项 不成立 积木代表回答大于或等于起始时间的指针项， 回答 > 截止时间 的第 指针 项 不成立 积木代表回答小于或等于截止时间的指针项。因为这个时间范围是大于或等于起始时间的指针项并且小于或等于截止时间的指针项，所以这里要使用 与 积木把两个条件连接起来，积木组合为 回答 < 起始时间 的第 指针 项 不成立 与 回答 > 截止时间 的第 指针 项 不成立 。完整程序如图 11-5 所示。

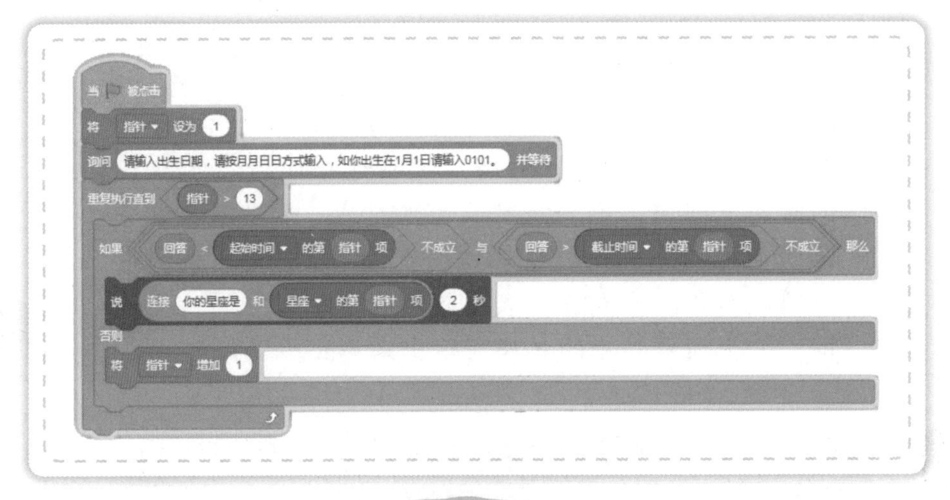

图 11-5

格致猫，一共 12 个星座，为什么列表有 13 项呢？

噢，是这样的。小麦，你看一下摩羯座的日期范围：12 月 22 日—1 月 19 日，是从 12 月 22 日到下一年的 1 月 19 日。我们知道 1 月 19 日是第二年的 1 月 19 日，而计算机是不知道的，计算机只能按照给定的程序进行判断，因此遇到跨年日期时就会出现错误。在这里，我是把摩羯座的起止时间分成两段，分别是 12 月 22 日至 12 月 31 日，1 月 1 日至 1 月 19 日（见图 11-6），这样计算机就不会出错了。小麦，你可以输入一个日期试一试。

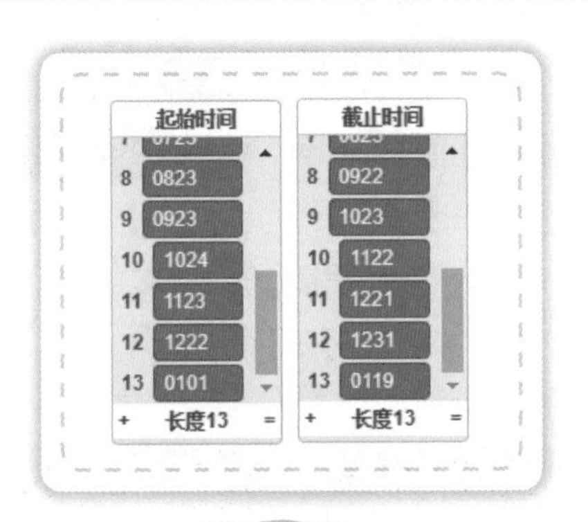

图 11-6

6 月 11 日，双子座。真不错啊，格致猫！

嘿嘿，还是多亏了你的提醒……

还有，格致猫，刚才你不是还发现了 12 星座的第一个星座是白羊座吗？你知道为什么第一个星座是白羊座吗？这和天文学有关。我们都知道地球绕着太阳转，这叫地球公转。地球公转时，从地球上看太阳，太阳在天球上、在众星间缓慢地移动着位置，方向与地球公转方向相同，即自西向东，也是一年移动一大圈，叫做太阳周年视运动。太阳周年视运动在天球上的路径，就是黄道。换句话说，地球公转轨道平面无限扩大而与天球相交的大圆，就是黄道。在古巴比伦和古希腊，天文学家为了表示太阳在黄道上的运行情况和所处的位置，经过长期的实践，决定从黄道上的春分点开始。在两千多年前，春分点位于白羊座，古代观星家把春分点所在的星座定为黄道第一星座，即白羊座。事实上，岁差致使春分点沿着黄道不断缓慢地向西移动，每年约移动 50°每秒。所以，春分点早已经不在白羊座了，现正处于双鱼座 λ 星的东边附近。

哦，想不到 12 星座还蕴含这么多科学道理啊！

成长日记

我们学会了根据需要调整数据顺序，通过数字运算符确定数据范围；知道了有关星座的天文学知识。

第12节 九九乘法表

孙悟空本领强，会使八九七十二般变化，一个筋斗二九一十八万里，大闹天宫失了手，被老君关进了炼丹炉，七七四十九天炼成了火眼金睛，不管三七二十一，一路反下南天门。猪八戒饭量大，肩扛三三得九钉齿耙，一顿能吃五九四十五个大馒头，沙僧八戒差不多，都会四九三十六般变化。二二得四一队人，唐僧师徒去西天，经了九九八十一难，过了二七一十四年，取回真经功德满。

格致猫边看书边在自言自语着。

格致猫，你在嘟囔什么呢？

噢，小麦。上次你让我看书要用心。这不我在看漫画版《西游记》时发现了很多和数学有关的知识呢！其中有很多和我们学的九九乘法表有关。

唉？你别说，格致猫，你总结得还真不错！

谢谢夸奖！小麦，我在想我们能不能编一个程序把九九乘法表呈现出来呢？

当然可以了！格致猫，你可以先把九九乘法表（见图12-1）分析一下，看看从中能找到什么规律。

九九乘法表

1×1=1								
1×2=2	2×2=4							
1×3=3	2×3=6	3×3=9						
1×4=4	2×4=8	3×4=12	4×4=16					
1×5=5	2×5=10	3×5=15	4×5=20	5×5=25				
1×6=6	2×6=12	3×6=18	4×6=24	5×6=30	6×6=36			
1×7=7	2×7=14	3×7=21	4×7=28	5×7=35	6×7=42	7×7=49		
1×8=8	2×8=16	3×8=24	4×8=32	5×8=40	6×8=48	7×8=56	8×8=64	
1×9=9	2×9=18	3×9=27	4×9=36	5×9=45	6×9=54	7×9=63	8×9=72	9×9=81

图 12-1

嗯，我看看。这个乘法表有九行九列，但每行所包含的列数都与此行的序号数相同。如第二行有两列，分别是 1×2=2，2×2=4。因此，可以建立两个变量“行”与“列”。

当“行”的值为 1 时，“列”的值只有一个，也就是“列”的值为 1。当“行”的值为 2 时，“列”的值有两个，首先是 1，然后是 2。当“行”的值为 3 时，“列”的值有三个，分别为 1，2，3……以此类推，直到“行”的值为 9 时，“列”的值就有九个：1,2,3,4，5，6，7，8，9。而且只有把上一行所有的列数都写完，行的序号数才能加 1 进入下一行。

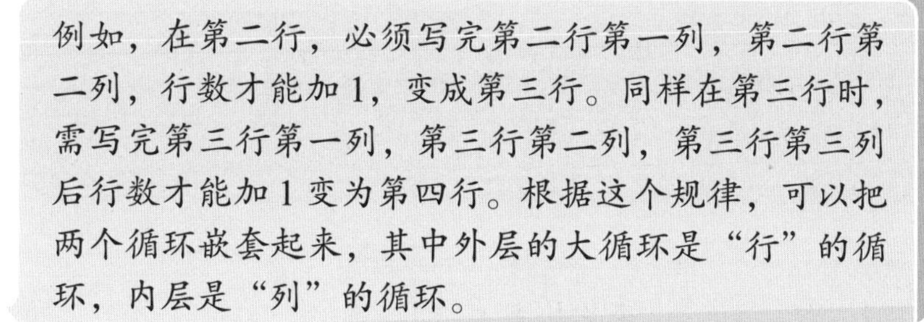

例如，在第二行，必须写完第二行第一列，第二行第二列，行数才能加 1，变成第三行。同样在第三行时，需写完第三行第一列，第三行第二列，第三行第三列后行数才能加 1 变为第四行。根据这个规律，可以把两个循环嵌套起来，其中外层的大循环是“行”的循环，内层是“列”的循环。

在每个内层循环中，“列”从 1 开始每循环一次就增加 1，直到“列”数与“行”数相等时跳出循环，此时“行”数增加 1 再开始一个新的循环，直到“行”数等于 9 时循环结束。我们可以利用图 12-2 所示结构来实现。

如何把每个口诀说出来呢？我们可以借助 连接 列 和 连接 × 和 连接 行 和 连接 = 和 行 * 列 积木组合来实现。完整的程序如图 12-3 所示。

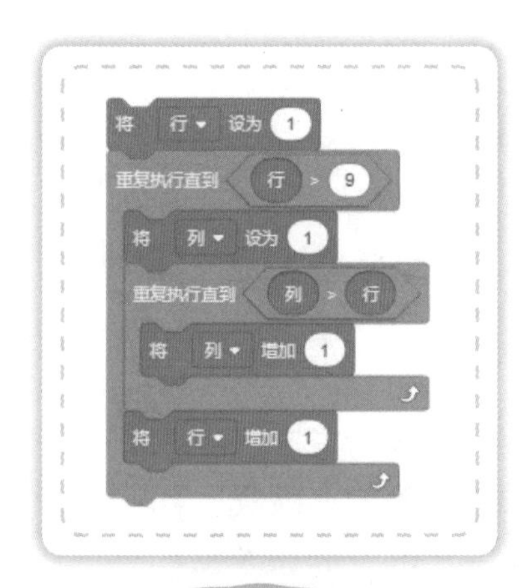

图 12-2

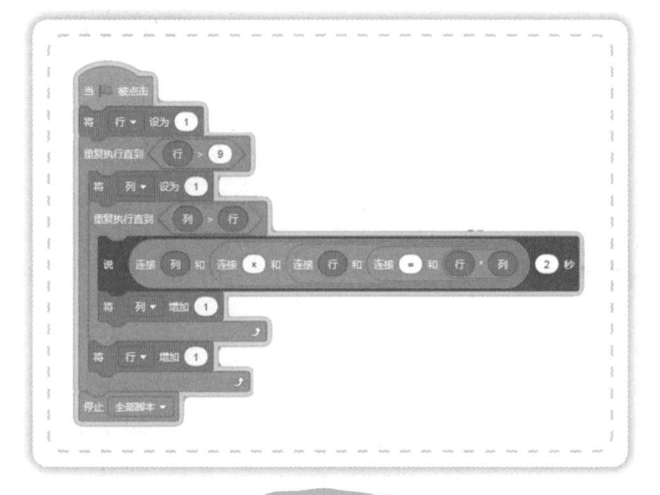

图 12-3

小麦，这个程序可以把九九乘法表呈现出来，但每次只能显示一条乘法算式。因此，我在想可不可以让程序把九九乘法表直接呈现在舞台上，让我们能看到全部的乘法表？

当然可以实现啦！不过过程稍微有点儿复杂，我先给你讲一个简单的、类似的例子，然后你可以根据这个例子把九九乘法表全部呈现在舞台上。

好，好，好！小麦你快教我吧！

格致猫，在 Scratch 中的画笔模块中有一个“图章”工具，这个“图章”工具就像我们玩的印章一样，能把它上面的图形复印到纸上，“图章”工具可以把它选中的图形复印或是打印到舞台上。因此，可以利用“图章”工具把想要呈现的内容“打印”到舞台上。我现在以把 1×2=2 这个算式“打印”到舞台上为例演示一下，先新建一个变量，并把它命名为“算式”，把它的值设为“1×2=2”，积木组合为 将 算式▾ 设为 连接 1 和 连接 × 和 连接 2 和 连接 = 和 2 。然后建立一个变量“指针”，它的作用就像以前在列表中用到的指针一样，用它来指示“1×2=2”中的每一项，利用这个指针可以指挥“图章”选中“1×2=2”中的相应内容并打印到舞台上。这里还有一个问题，就是“1×2=2”中的这些数字怎么转换成图形。

这就需要选取一个合适的角色，可以在角色区选择卡通数字 1 作为角色并增加“2”“×”“=”三个造型（见图 12-4），并分别把造型名修改为“1”“2”“×”“=”。再利用一个“重复执行直到”语句，让变量“指针”从 1 开始逐步增加到“1×2=2”这个式子的长度值，也就是 5，每增加一次就切换到式子中对应的图形造型并用“图章”工具打印到舞台上。在这里是用 换成 算式 的第 指针 个字符 造型 积木实现这个功能的。

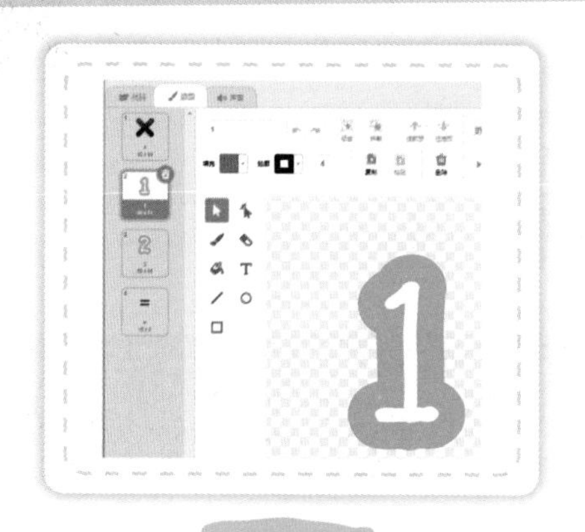

图 12-4

此时变量“算式”的值为“1×2=2”。当“指针”为1时，“1×2=2”的第一个字符为“1”，所以就换成造型“1”。当“指针”为2时，“1×2=2”的第二个字符是“×”，所以就换成造型“×”。当“指针”为3时，“1×2=2”的第三个字符是“2”，所以就换成造型“2”。当“指针”为4时，“1×2=2”的第四个字符是“=”，所以就换成造型“=”。当“指针”为5时，“1×2=2”的第五个字符是“2”，所以造型再次换成造型“2”。同时一定要注意，每打印一个图形，就要向前移动一定的步数，否则所有的图形就会打印到一块，在这个程序中我用的是向前移动60步。格致猫，这个完整程序（见图12-5）你看看你能看懂吗？

小麦，我看懂了！瞧，这是我运行程序的结果（见图12-6）。

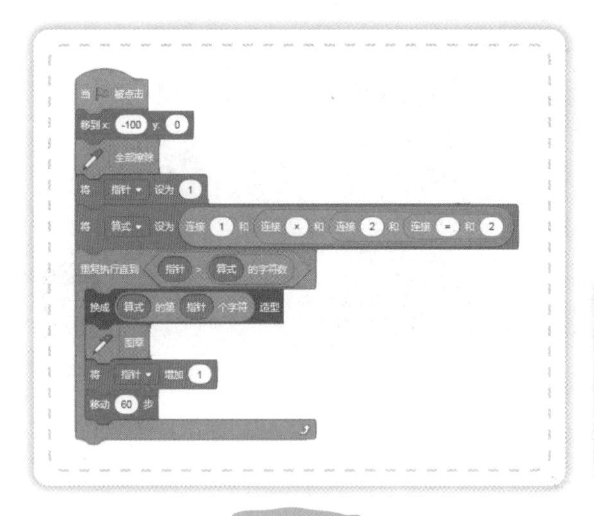

图 12-5

1×2=2

图 12-6

格致猫，根据这个例子你能想出怎样才能把九九乘法表打印到舞台上吗？

小麦，我仔细想了一下这个例子，又认真地观察了一下九九乘法表，九九乘法表有九行九列，在舞台上占据一定的面积，因此应该先给角色做一下定位与规划，否则容易超出舞台的边界。我把角色的初始位置定于x：−285，y：90，积木组合为 

。

每个乘法算式是自左向右、自上向下打印的，每个乘法算式之间必须有一定的间隔，舞台的x轴总长度为480，第九行中的算式最多，共有九个，因此每个算式最多占（480÷9）步，所以可以采用间隔数为50。以第九行为例，1×9=9这个算式及它后面的间隔共占50步，也就是2×9=18中的第一个数字“2”距1×9=9中第一个数字“1”的长度为50步。上下间隔按15步计算就可以，积木为 移到x: x + 列 * 50 y: y - 行 * 15 。为了防止主程序过长，我把打印功能集成为一块新积木（见图12-7）。图12-8所示就是完整的程序。运行结果如图12-9所示。

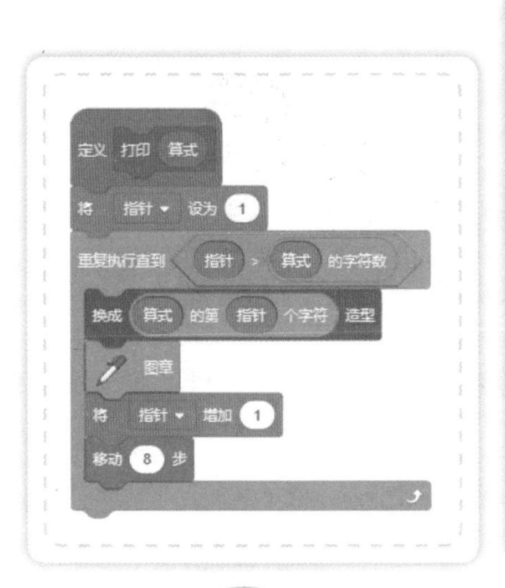

图 12-7

```
当 被点击
全部擦除
将 x 设为 -285
将 y 设为 90
将 行 设为 1
重复执行直到 行 > 9
  将 列 设为 1
  重复执行直到 列 > 行
    移到x: x + 列 * 50 y: y - 行 * 15
    将 算式 设为 连接 连接 连接 连接 列 和 × 和 行 和 = 和 行 * 列
    打印 算式
    将 列 增加 1
  将 行 增加 1
```

图 12-8

算式 9×9=81

```
1×1=1
1×2=2  2×2=4
1×3=3  2×3=6  3×3=9
1×4=4  2×4=8  3×4=12 4×4=16
1×5=5  2×5=10 3×5=15 4×5=20 5×5=25
1×6=6  2×6=12 3×6=18 4×6=24 5×6=30 6×6=36
1×7=7  2×7=14 3×7=21 4×7=28 5×7=35 6×7=42 7×7=49
1×8=8  2×8=16 3×8=24 4×8=32 5×8=40 6×8=48 7×8=56 8×8=64
1×9=9  2×9=18 3×9=27 4×9=36 5×9=45 6×9=54 7×9=63 8×9=72 9×9=81
```

图 12-9

格致猫，我们完成了以行为外循环、列为内循环的九九乘法表程序，不知道读者明白了没有？要不我们给读者留一个挑战任务，看看他们能不能完成以列为外循环、以行为内循环的九九乘法表的程序吧！

当然可以了！怎么样，亲爱的读者，你们接受挑战吗？

我们学会了通过循环的嵌套实现九九乘法表的编程，能用“图章”工具将乘法表展示在舞台上。

第13节 折纸超珠峰

不积跬步，无以至千里；不积小流，无以成江海。

小麦，你在朗读什么呀？

格致猫，我在读荀子的名篇《劝学》呢！这篇文章告诉人们通过发奋努力就能取得进步。每天进步一点儿，积少成多，就会取得大的进步，甚至有质的飞跃。

小麦，这个道理我明白，可是每天一点儿小进步，到什么时候才能看到大的进步呀？

唉！你别说，我这里正好就有一个例子可以形象地展示积少成多。格致猫，你看这里有一张 A4 纸，我这样对折下去，你觉得它能超过珠穆朗玛峰（以下简称珠峰）吗？

小麦，这张薄薄的纸，折一折就能超过珠峰？这张纸也就 0.1 毫米吧，珠峰可是有 8848.86 米①。这差得也太远了吧！

格致猫，你可不要小瞧这张薄薄的纸，只要坚持下去，一定能超过珠峰，不信你可以用程序来验证一下。

① 2020 年，我国测量登山队员测得的珠穆朗玛峰的高程为 8848.86 米。

用程序验证，这倒是个好主意。我们先来分析一下，纸的厚度为 0.1 毫米，每折一次就是前一次的厚度乘以 2。可以用个表格（见表 13-1）列一下。但从这个表上看离 8848.86 米还差得很远呀！

表 13–1　折叠次数与纸的厚度

折叠次数	1	2	3	4	5	6
纸的厚度	0.1×2=0.2	0.2×2=0.4	0.4×2=0.8	0.8×2=1.6	1.6×2=3.2	…

格致猫，表格所列的数据范围是有限的，在数值比较小时可以用口算或是笔算的方式进行计算，但是随着数值的增大，就变困难了。不过我们可以把这些工作交给计算机去完成，因此还是建议你先把程序编出来，然后看一下运行结果。

这倒也是。我先把程序编出来再说。先建立一个变量，并命名为“纸的厚度”用来存储每次对折后纸的厚度，它的初值是 0.1，积木为 将 纸的厚度 设为 0.1 。再通过询问语句输入对折的次数，积木组合为 询问 请输入折叠次数 并等待 / 将 折叠次数 设为 回答 。根据这个输入的折叠次数进行循环，每循环一次，纸的厚度就变为上一次纸的厚度的两倍，积木组合为 重复执行 折叠次数 次 / 将 纸的厚度 设为 纸的厚度 * 2 。因为一张纸的厚度是 0.1 毫米，这样计算出来的折叠后纸的厚度的单位应该也是毫米，再把它转换成米，积木为 将 纸的厚度 设为 纸的厚度 / 1000 ，最后说出结果就可以了。我先看看折叠 10 次后纸的厚度是多少。

运行结果如图 13-1 所示。

图 13-1

小麦，你看运行 10 次后纸的厚度是 0.1024 米。程序正确！

完整的程序如图 13-2 所示。

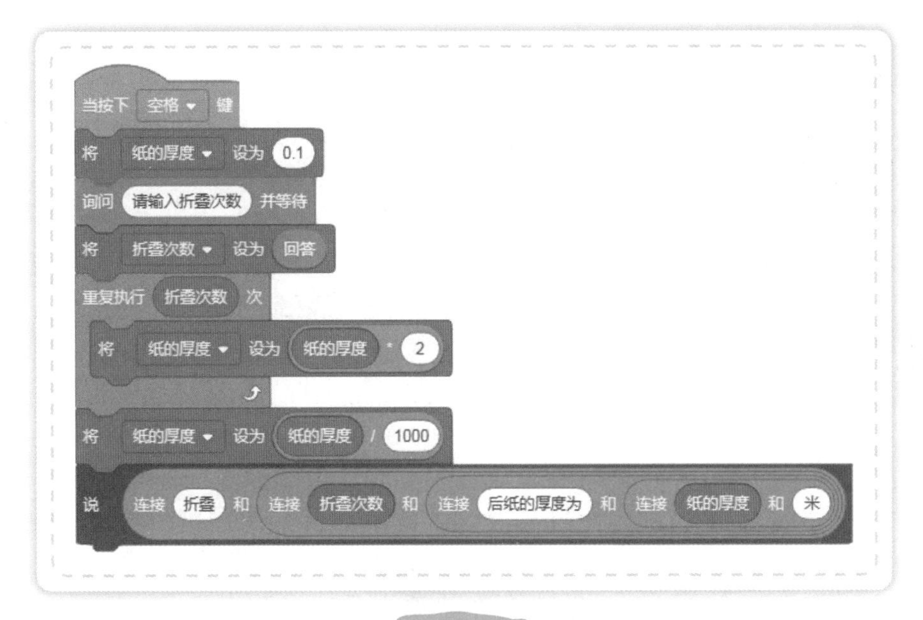

图 13-2

格致猫，你能把折叠 20 次后的纸的厚度说出来吗?

当然可以，我这就让程序进行计算。小麦，你看运行后的结果（见图 13-3）。

图 13-3

哇！小麦，当纸折叠 26 次后就已接近珠峰的高度了，折叠 27 次后纸的厚度就远远超过了珠峰的高度！真不能小瞧这一张纸，果然是积少成多啊！

怎么样，格致猫，看到积累的力量了吧！我们学习也是，每天进步一点儿，可能在短时间内看不出变化，但是随着时间的推移，积少成多，我们就会取得很大的进步。格致猫，我还有一个问题，现在是每次通过输入次数来进行运算从而得出结果，你思考一下能不能让程序自动进行计算并把结果告诉我们呢？

应该可以，我们可以加上一个 

积木，重复执行直到纸的厚度大于 8848.86 米[1]。只要纸的厚度没超过珠峰的高度，就让折叠次数增加 1，同时纸的厚度就变为原来的 2 倍。一旦纸的厚度超过珠峰的厚度，这个循环就结束，折叠次数与纸的厚度都不再增加，这时把折叠次数说出来就可以了。瞧，这是我修改后的程序（见图 13-4），这样程序就能自动运算并说出答案了。

① 8848.86 米 =8848860 毫米。

```
当 🏳 被点击
将 纸的厚度 ▾ 设为 0.1
将 折叠次数 ▾ 设为 0
重复执行直到 < (纸的厚度) > (8848860) >
    将 纸的厚度 ▾ 设为 (纸的厚度) * (2)
    将 折叠次数 ▾ 增加 1
说 (连接 (折叠) 和 (连接 (折叠次数) 和 (就会超过珠峰的高度了！))) 2 秒
```

图 13-4

格致猫，通过今天的程序我们见证了积累的力量。好的习惯长期积累下去我们就会受益匪浅；如果认为坏的习惯很小，不在乎，这样积累下去小的坏习惯就变成了大的坏习惯，同样会对我们造成很大的伤害，这正是‘勿以恶小而为之，勿以善小而不为’啊！

对，对，小麦，我记清楚了，“不积跬步，无以至千里；不积小流，无以成江海。”“勿以恶小而为之，勿以善小而不为。”

我们学会了如何实现变量的累乘及通过数字运算跳出循环的方法。

第14节 象棋与麦粒

当小麦走进客厅时，格致猫正在聚精会神地看电视节目，没有发现小麦进来了。

看什么呢？格致猫，这么聚精会神！

哦，小麦，我正在看《哈利波特与魔法石》。刚才哈利波特、赫敏、罗恩正在穿过国际象棋棋阵，真是惊心动魄啊！

嗯，我也看过这个电影，有一种身临其境的感觉，仿佛真的在战场上厮杀一样。据说那个棋局是由国际象棋特级大师经过研究而专门设计的棋局呢！格致猫，说到国际象棋你知道它起源于哪个国家？它的发明者是谁吗？

格致猫挠了挠头。

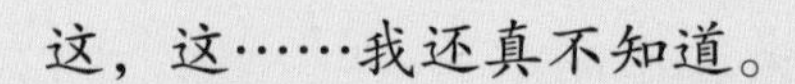

国际象棋起源于印度，传说它的发明者是西萨·班·达依尔。这其中还有一个关于国际象棋与麦粒的故事呢！

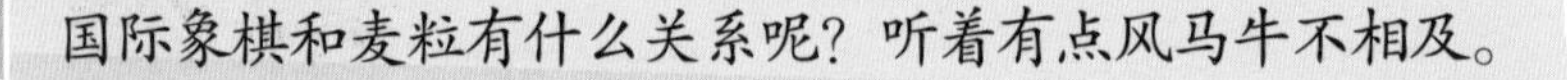

传说，印度的舍罕国王打算重赏国际象棋的发明人——大臣西萨·班·达依尔。这位聪明的大臣跪在国王面前说："陛下，请您在这张棋盘的第一个小格内，赏给我一粒麦子，在第二个小格内给两粒，在第三个小格内给四粒，照这样下去，每一小格内都比前一个小格加一倍。

陛下，您能把这样摆满棋盘的所有 64 格的麦粒，都赏给您的仆人吗？”国王说：“你的要求不高，会如愿以偿的。”说着，他下令把一袋麦子拿到宝座前，计算麦粒的工作开始了……

停，停。小麦，我怎么觉得这里面有“鬼”啊！这个国王是不是掉到达依尔挖的坑里了？还记着我们以前探讨过的折纸超珠峰吗？我觉得这两个问题有点像啊！

三天不见，刮目相看啊！格致猫，你分析分析吧！

小麦，我们还是先用一个表格（见表 14-1）梳理一下。从这个表中，可以看出虽然在前面几个格子里麦粒的数目并不多，但是随着格数的增多，后一个格子中的麦粒数是前一个格子中麦粒数的两倍，因此数量会越来越大。人工计算的运算量太大，我们还是用程序来运算吧！

表 14-1　麦粒统计

格数	1	2	3	4	5
每格麦粒数 / 粒	1	2	4	8	16
麦粒总数 / 粒	1	1+2=3	1+2+4=7	1+2+4+8=15	1+2+4+8+16=31

嗯，格致猫，说一说你的思路。

小麦，你看这个问题是不是有点像我们以前研究过的植树问题与折纸超珠峰的组合体？因此首先建立两个变量，一个是“麦粒数”，另一个是“总数”，并分别给它们赋初值为“1”和“0”，积木组合为

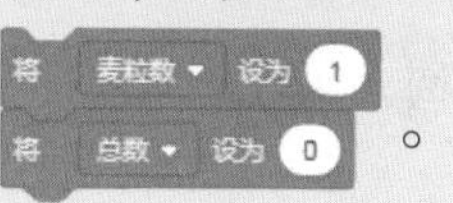

。

因为棋盘共64格，所以就循环执行64次，每循环一次，麦粒数就变成前一次的两倍，总数变为前一次的总数加上现在格子中的麦粒数，积木组合为

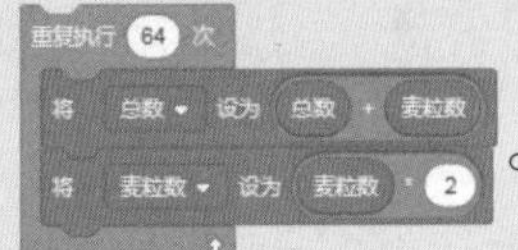

。把几个程序块组合起来就是完整的程序（见图14-1）。

小麦，图14-2是运算结果。啊，需要这么多麦粒！这得有多少吨小麦啊！

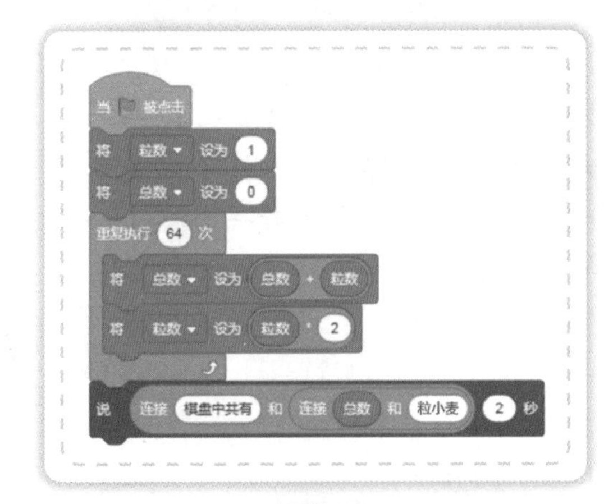

图14-1

图14-2

假如一粒小麦的质量大约是0.01克[①]，你可以用程序计算出共需要多少吨的小麦！

图14-3

好的，我再把程序扩充一下。我可以用 将 吨数 设为 总数 / 0.01 / 1000000 积木计算出小麦的吨数。运算后得到的结果如图14-3所示。小麦，国王有这么多小麦吗？

① 1吨=1000000克。

国王当然没有这么多小麦了，正当国王愁眉不展时，太子的数学老师给国王出了一个计谋，化解了这场危机。

什么计谋？小麦，快告诉我，要是我是国王就愁死了！

格致猫，别着急，告诉你答案前我先向你说明一件事儿。

什么事？你就别再卖关子了！

格致猫，Scratch 的运算精度是在 2 的 −53 次方到 2 的 53 次方，也就是 53 个 2 相乘。在这个问题中，第 64 格中的麦粒数是 2 的 63 次方，即 63 个 2 相乘，远远超出了 Scratch 的运算精度，所以最后的数值应该是不准确的。准确的数值应该是 9223372036854775808 粒小麦。

太子的数学老师出的计谋是以其人之道，还治其人之身，他告诉国王可以让达依尔自己到粮库中把这些麦子数出来……

哈哈，这么巧妙的计谋！不管怎么说，这两位都是聪明的智者，都值得我们学习！

成长日记

我们学会了灵活应用变量的累加与累乘解决问题；了解了 Scratch 的运算精度。

第15节 蝉的秘密

教室外知了在树上叫个不停，小麦不由地哼起儿歌。

河边杨柳梢，知了声声叫，知了知了，知了知了，夏天已来到。

小麦，这首《知了》的儿歌真好听！

格致猫，知了可是一种神奇的昆虫。知了的学名为蝉。自然界有一种13年蝉和一种17年蝉，它们在地下潜伏13年或17年才破土而出。尤其是17年蝉，可以说它是昆虫界的老寿星了。格致猫，你知道它们为什么要在地下潜伏这么长的时间吗？

不知道。小麦，你知道为什么吗？

哈哈，格致猫，我得再吊一吊你的胃口。告诉你答案前，你先观察一下13和17这两个数字有什么特点。

好啊！小麦，这是又要给我出难题了。这两个数吗？它们只能被1和本身除尽，也就是除了1和本身外它们没有其他因数。

对，除了1和它本身不再有其他因数的自然数，我们称为质数（或素数）。你能编写一个程序判断某数是否是质数吗？

应该不难。我们先分析一下，质数的定义中首先规定了它是大于1的自然数[①]，然后它只能被1和本身整除，因此我们建立一个“除数”变量，让这个变量从2开始一直增加到比要判断的数小1的那个数，用需要判断的数逐一除以这些数，如果与这些数相除有一个的余数为0，说明能整除，那么它就是一个合数[②]，否则为质数。

在这个程序中，我用了“重复执行直到”这个循环结构，它的循环中止条件是变量“除数”的值大于“回答 −1”（见图 15-1），其中“回答”就是我们通过询问语句输入的需要判断的数。在循环体内，我用了一个选择结构“如果……那么……否则”，它的判断条件是“回答”与“除数”的余数是否为 0，如果余数为 0 说明能整除，那么这个数就是一个合数，不能整除就让“除数”+1，继续进行判断直到“除数”的值与“回答 −1”的值相等，循环结束并说出结果（见图 15-2）。

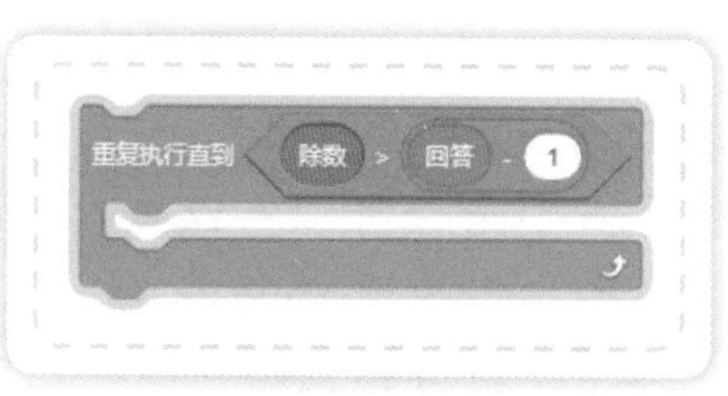

如果 回答 除以 除数 的余数 = 0 那么
说 连接 回答 和 是合数 2 秒
否则
将 除数 增加 1

图 15-1

图 15-2

完整的程序如图 15-3 所示。

① 为了方便，在研究因数和倍数时，我们所说的数指自然数（一般不包括 0）。

② 合数是指除了 1 和它本身还有别的因数的数。

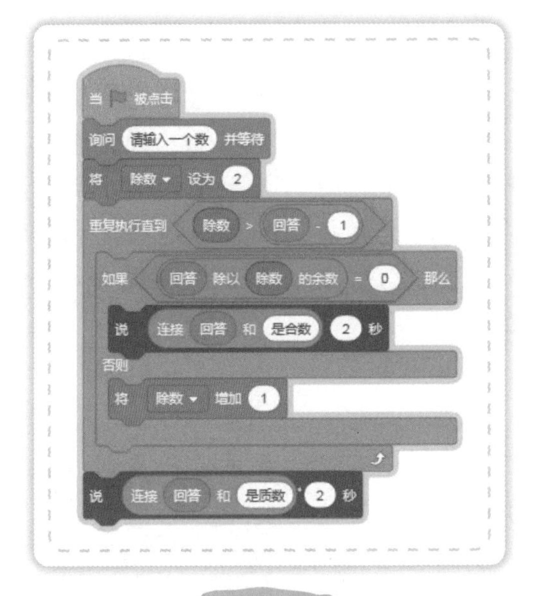

图 15-3

格致猫，这个程序很正确，在需要判断的数不大时很快就能完成。但是如果需要我们判断的数很大，如输入 1234567891，程序则需要从 2 一直除到比自己小 1234567890 的数，运算量是很大的，这样程序运行的时间会很长。你能不能把这个程序再优化一下呢？

嗯，小麦，刚才在编程的时候我就考虑过这个问题，我在想让除数从 2 到需要判断数的一半是否可以？这样运算量就会减为第一个程序的一半。假设需要判断的数为 n，它的一半是 n/2。如果在 n/2 前没有找到能除尽的数，当除数大于 n/2 后，只能商 1，一定有余数，所以就不用再进行运算了。这样就减少了一半的运算量。

完整的程序如图 15-4 所示。

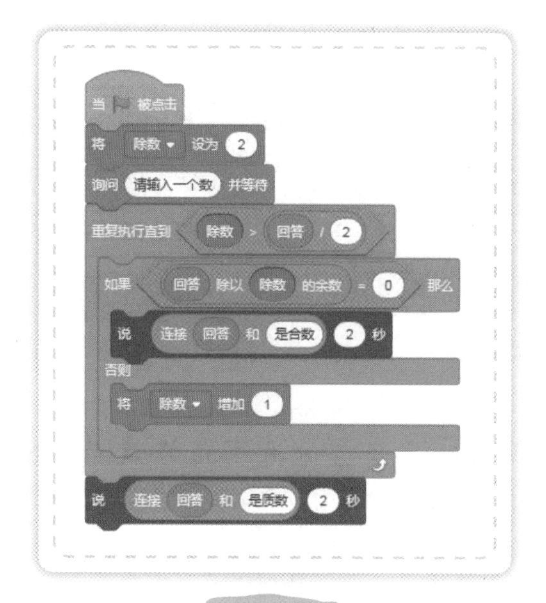

图 15-4

格致猫，这样修改后的确比刚才的程序有了一定程度的优化。但是对于一个很大的数而言，还是需要进行大量的运算。我给你提示一下，假设需要判断的数为 n，这个 n 如果是合数，它可以写成两个数的乘积。如 4=2×2，如果两个数相等，我们就把因数叫作乘积的平方根，即 2 是 4 的平方根。同样 9=3×3，那么 3 就是 9 的平方根。我们把这两个因数写作 a 和 b。现在就可以用 n=a×b 来表示了。a 和 b 有这样几种可能：第一种可能是 a 和 b 都小于 n 的平方根；第二种可能是 a 和 b 相等都等于 n 的平方根；第三种可能是 a 和 b 都大于 n 的平方根；第四种可能是 a 或 b 比 n 的平方根小，另一个比 n 的平方根大。

我们来看一下，如果 a、b 的值都小于 n 的平方根，那么它们的乘积一定小于 n，因此这种假设是错误的。同样如果 a、b 都大于 n 的平方根，那么它们的乘积一定大于 n，也是错误的。

排除这两种错误后，a、b 要么相等都等于 n 的平方根，要么一个小于 n 的平方根，一个大于 n 的平方根，它们必须成对出现。因此，除数的范围是不是从 2 到 n 的平方根就可以了？如果在 n 的平方根前没有能除尽的数，因为这两个因数是成对出现，那么后面一定也不会出现能除尽的数。格致猫，你根据这个原理再把程序优化一下。

小麦，我修改完了。你看这是修改后的程序（见图 15-5），而且我输入了 1234567891 后，程序瞬间就给出结果，这个数是质数。

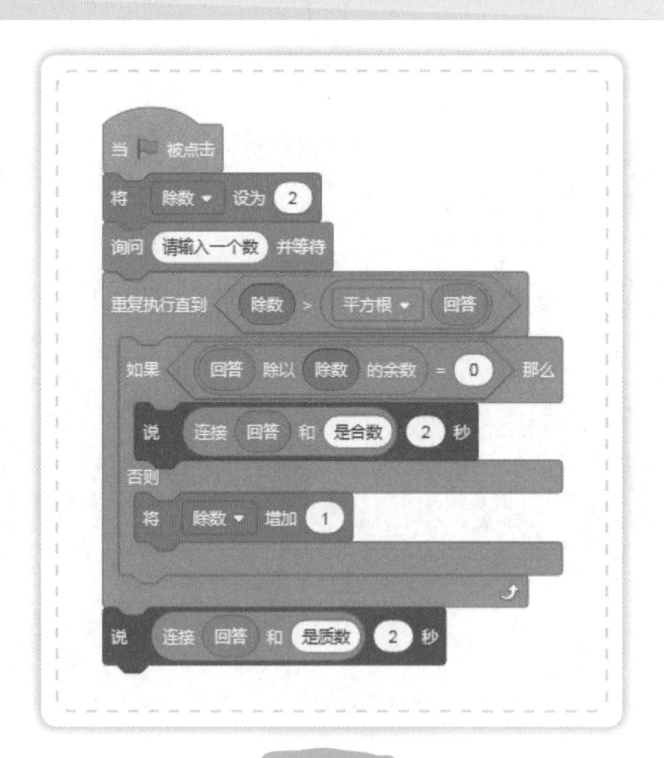

图 15-5

因此，我们编写程序不能只看是否能完成相应的功能，还得看完成这项功能的效率如何，要根据运行效率不断优化程序，直到找到最优化的算法。

对，找到最优化的算法，今天又学了一招。小麦，现在你该把17年蝉的答案告诉我了吧！

据科学家推测，蝉之所以选择质数年破土而出是因为质数有助于其躲避有周期性行为的天敌。假设捕食者每4年在森林中出现一次。具有六年生命周期的蝉将与捕食者每12年重合一次。因为4和6的最小公倍数是12。但是如果蝉每13年出现一次，并且捕食者的生命周期为4年，那么蝉只会每52年面对一次捕食者高峰。4和13的最小公倍数是4×13=52。在质数年破土而出给蝉带来了巨大的优势，也就是蝉利用质数来确保它们这一物种的延续。

哇，这么神奇，想不到小小的蝉还是数学家啊！今天的收获可真不少！

成长日记

我们学会了判断质数的数学方法并能用编程的方法实现。知道判断一个数是否为质数的优化算法的数学原理。

第16节 聪明的外卖小哥

哥，你太棒了，我为你骄傲！

隔着几米远，小麦就听到格致猫在打电话，很好奇发生了什么，于是朝格致猫走来。

格致猫，遇到什么好事了？这么高兴。

小麦，是我哥的事。他今年考上了大学，利用这个假期他做了一名外卖员进行勤工俭学。刚刚他帮一个面包店解决了一个难题，面包店的叔叔特别感谢他，他也十分自豪，就赶紧打电话和我分享他的喜乐。

哇，你哥好棒啊！快说说，他帮面包店解决了什么难题吧！

一个旅行团从网上预订面包，一共有36人，共预订36个面包。男士一人吃4个面包，女士一人吃3个面包，儿童两人吃一个面包。男士是巧克力风味的，女士是椰奶风味的，儿童是水果风味的。要求午饭前送到。但是没说男士、女士、儿童各多少人？面包店的叔叔也一直没联系上旅行团负责人。这可把面包店的叔叔为难坏了，正好我哥去取货，看到后就热心地帮他们解决了。

你哥真牛！他跟你说他是怎么解决的了吗？

嗯，我哥说他是用替代和试数的方法解决的。他首先假设这 36 个面包全部给了男士，因为男士一人吃 4 个，那么就应该是 36÷4=9 名男士。而实际上是 36 人，这样就比实际总数少 27 人。可以通过减 1 名男士增加相应数量的女士与儿童替代的方法来凑齐 36 人。假设减少 1 名男士，第一种方案是全部替换成儿童。男士一人吃 4 个面包，儿童两人吃一个，那么 1 名男士就相当于 8 名儿童。减少 1 名男士，增加 8 名儿童，实际增加的人数 =8−1=7 人，7 不是 27 的约数，所以这种方案不可行。第二种方案是 1 名男士相当于 1 名女士加 2 名儿童，这样实际增加的人数 =1+2−1=2 人，2 也不是 27 的约数，所以这种方案也不可行。

那么再试试把 2 名男士替换掉是否可以？同样第一种方案是 2 名男士全部替换成儿童，将替换 16 名儿童，实际增加的人数 =16−2=14，该方案不可行。第二种方案是 2 名男士替换为 1 名女士加 10 名儿童，实际增加的人数 =1+10−2=9 人，9 是 27 的约数，因此这种方案可行。27 是 9 的三倍，替换掉 2 名男士后增加 9 人，它的三倍就是替换掉 6 名男士。此时男士还剩 9−6=3 人，增加的女士为 3 人，增加的儿童为 30 人，总人数 =3+3+30=36 人，符合要求。此时男士有 3 人，如果再替换掉 2 人，那么人数会再增加 9 人，36+9>36 人，不符合要求。所以男士应为 3 人，女士 3 人，儿童 30 人。第三种方案是 2 名男士替换为 2 名女士加 4 名儿童。实际增加人数 =2+4−2=4 人。4 不是 27 的约数，此方案不可行。所以最终断定男士 3 人，需巧克力风味面包 12 个；女士 3 人，需要椰奶风味面包 9 个；儿童 30 人，需要水果风味面包 15 个。共需要面包 =12+9+15=36 个。

格致猫，你哥不愧是学霸，要向他学习。你哥是用数学的方法求解。要是用编程的方法该怎样解决呢？

小麦，其实我哥给我讲的时候我就在思考如何用编程的方法求解。我也想用“试”的方法。记得有一次我的密码本因为长期不使用忘记了密码，这个密码是一个两位数，我哥知道后就是同我一起用试的方法破解的。首先让十位数保持 0 不变，个位数从 0 至 9 依次试一遍，如没有正确的密码就让十位数变为 1，个位数再从 0 一直试到 9，如果不行，十位数再加 1 变为 2，个位数再从 0 试到 9，以此类推，直到找到正确的密码为止。因此，我在想这个问题我们是不是也可以这样，首先让男士数为 1，女士数为 1，儿童数从 1 试到 36，如不能同时满足积木 〈(男士) * (4) + (女士) * (3) + (儿童) / (2) = (36)〉 和 〈(男士) + (女士) + (儿童) = (36)〉 所示条件，则女士数加 1 变为 2，儿童数再从 1 试到 36，以此类推，女士的数量从 1 试到 36÷3=12（即女士最多的可能人数），如果不合适，则男士的数量加 1 变成 2，再按以上规律开始试。男士的数量逐步增加到 36÷4=9（即男士最多的可能人数），直到找到正确的数值为止。也就是这个程序有 3 个循环，男士在循环的最外层，女士在中间，儿童在最里层，循环中止条件是 〈(男士) + (女士) + (儿童) = (36)〉 与 〈(男士) * (4) + (女士) * (3) + (儿童) / (2) = (36)〉。完成后的程序如图 16-1 所示。运行结果也是男士 3 人，女士 3 人，儿童 30 人。

```
当 ⚑ 被点击
将 男士 ▾ 设为 1
重复执行直到 〈(男士) > (9)〉
    将 女士 ▾ 设为 1
    重复执行直到 〈(女士) > (12)〉
        将 儿童 ▾ 设为 1
        重复执行直到 〈(儿童) > (36)〉
            如果 〈〈(男士) + (女士) + (儿童) = (36)〉 与 〈(男士) * (4) + (女士) * (3) + (儿童) / (2) = (36)〉〉 那么
                说 (连接 (男士有) 和 (连接 (男士) 和 (名))) (2) 秒
                说 (连接 (女士有) 和 (连接 (女士) 和 (名))) (2) 秒
                说 (连接 (儿童有) 和 (儿童)) (2) 秒
            将 儿童 ▾ 增加 1
        将 女士 ▾ 增加 1
    将 男士 ▾ 增加 1
```

图 16-1

格致猫，这程序一共有 3 层循环，在理论上它要进行 9×12×36=3888 次才能试完所有可能的数字。你能把程序优化一下吗？

我思考过了。小麦，你看因为男士＋女士＋儿童=36人，那儿童是不是就可以表示为36−（男士＋女士）？这样我就可以把积木〈男士 + 女士 + 儿童 = 36 与 男士 * 4 + 女士 * 3 + 儿童 / 2 = 36〉合并为积木〈4 * 男士 + 3 * 女士 + 36 - 男士 + 女士 / 2 = 36〉，就减少了儿童这个变量，循环也就减少了一层。程序就变成图 16-2。而且小麦，我还发现儿童的数一定是偶数，因为没有半个面包。所以我觉得这个条件也可以用一下，程序如图 16-3 所示。

```
当 🏴 被点击
将 男士 ▾ 设为 1
重复执行直到 〈男士 > 9〉
    将 女士 ▾ 设为 1
    重复执行直到 〈女士 > 12〉
        如果 〈4 * 男士 + 3 * 女士 + 36 - 男士 + 女士 / 2 = 36〉 那么
            说 连接 男士共有 和 连接 男士 和 名 2 秒
            说 连接 女士共有 和 连接 女士 和 名 2 秒
            说 连接 儿童共有 和 连接 36 - 男士 + 女士 和 名 2 秒
        将 女士 ▾ 增加 1
    将 男士 ▾ 增加 1
```

图 16-2

```
当 🏴 被点击
将 男士 ▾ 设为 0
重复执行 9 次
    将 女士 ▾ 设为 0
    重复执行 12 次
        将 儿童 ▾ 设为 36 - (男士 + 女士)
        如果 <<(儿童 除以 2 的余数) = 0> 与 <(4 * 男士 + 3 * 女士 + 儿童 / 2) = 36>> 那么
            说 (连接 男士为 和 (连接 男士 和 名)) 2 秒
            说 (连接 女士为 和 (连接 女士 和 名)) 2 秒
            说 (连接 儿童为 和 (连接 儿童 和 名)) 2 秒
        将 女士 ▾ 增加 1
    将 男士 ▾ 增加 1
```

图 16-3

行啊，格致猫，能做到一题多解了。值得表扬！格致猫，你知道吗，其实今天解决的这个问题，在我国古代的《算经》中被称为“百钱百鸡”问题：鸡翁一值钱五，鸡母一值钱三，鸡雏三值钱一。百钱买百鸡，问鸡翁、鸡母、鸡雏各几何？你也能解出来吗？

没问题。小麦，鸡翁是不是就是公鸡啊？让我想起了鸡公煲，今晚我和我哥边吃鸡公煲边解“百钱百鸡”！

成长日记

我们学会了利用算术方法求解“百钱百鸡”问题，还能利用循环嵌套编程求解“百钱百鸡”问题。

第17节 巧判无人机数量

一天，格致猫和小麦相约一起观看无人机表演。

格致猫，快看，无人机编队表演开始了。

哇，太壮观了，无人机能这么整齐地摆出各种阵型，就像有飞行员在驾驶一样！

格致猫，我刚才观察了一下，无人机摆了这样几种阵型，一种是三架一排成一方阵，前、后各有一架；一种是五架一排成一方阵，后方并排有三架；一种是七架一排成一方阵，右上、左下各有一架；整个编队有100多架无人机。格致猫，你能推断出这个编队共有多少架无人机吗？

我想想，三架一排的方阵前、后各有一架，说明无人机的数量除以三余二；五架一排的方阵后方有三架，说明无人机数除以五余三；七架一排的方阵右上、左下各一架，说明是除以七余二。而且无人机有100多架，说明这个数大于100且不大于200。根据这些条件我觉得应该能推断出无人机的数量。

接下来……

小麦你看，我可以先建立一个变量，并命名为“飞机数”，因为有100多架无人机，因此把它的初值设为100。

这个飞机数得同时满足这样几个条件：除以三余二，除以五余三，除以七余二。同时满足这几个条件需要〈 与 〉积木把它们连接起来，积木组合为〈〈(飞机数 除以 5 的余数) = 3〉与〈〈(飞机数 除以 3 的余数) = 2〉与〈(飞机数 除以 7 的余数) = 2〉〉〉。只要满足这个条件，程序就把结果说出来或是存储到列表中。如果没有达到这个条件，“飞机数”就增加 1，直到“飞机数”大于 200 为止。把 100 ~ 200 所有的数都试一遍，把所有的可能都找出来。这是编写完成的程序（见图 17-1）。

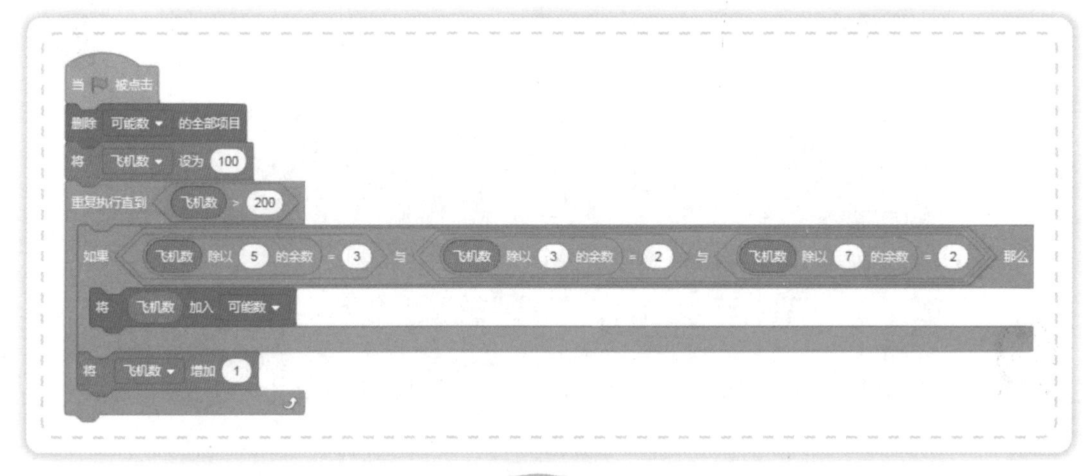

图 17-1

程序运行的结果是多少？

单击绿旗，结果是 128 架无人机。

格致猫，在你编程时，我也用数学的方法推算了一遍。

用数学方法？你是怎么推算的，赶快讲讲！

你看，这个数除以三余二，那么它最小应该是 2，然后往上逐步增加 3 就可以得出所有符合这个条件的数。它们分别是 2，5，8，11，14，17，20，23，26，…；同样它除以五余三，那它最小应该是 3，然后往上增加 5 就可以得出所有符合这个条件的数：3，8，13，18，23，28，…；它除以七余二，最小的数应该是 2，逐步往上加 7，得出所有符合条件的数：2，9，16，23，30，…。这些数中同时满足除以三余二、除以五余三、除以七余二的最小的数是 23。那么怎么推导出其他数呢？刚才我们看到求满足除以三余二的数时只要在最小的数上不断累加 3 的倍数即可；同样，除以五余三的数是在最小的数上不断累加 5 的倍数。因此，要想同时满足除以三余二、除以五余三、除以七余二就得不断累加 3、5、7 的最小公倍数。3、5、7 三个数互为质数，所以它们的最小公倍数是 $3 \times 5 \times 7=105$。因此，我们不断累加 105 的倍数，再加上上述满足条件的最小数，就能得出所有满足条件的数。在这个问题中，因为无人机的数量在 100 至 200 之间，那么倍数为 1 即可，所以无人机的数量为 105+23=128 架。

小麦，听了你的思路，我觉得我的程序可以再优化一下。可以建立一个变量并命名为“倍数”，它的初值为 1。变量“飞机数”的初值赋值为 1。然后重复执行直到“飞机数”的值大于 200，这样就把飞机数的最大值界定好了。此时把变量“飞机数”的值设为变量“倍数”×105+23，积木为 将 飞机数 设为 105 * 倍数 + 23 ，变量“倍数”逐步增加 1，积木为 将 倍数 增加 1 ，如果满足条件飞机数大于 100 小于 200 就把结果输入列表中储存，积木组合为

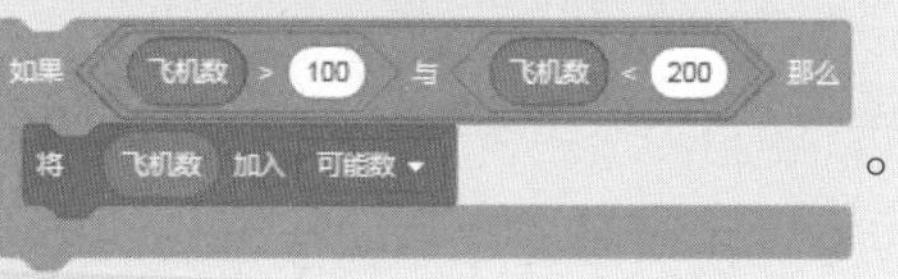

。

优化后的程序如图 17-2 所示。

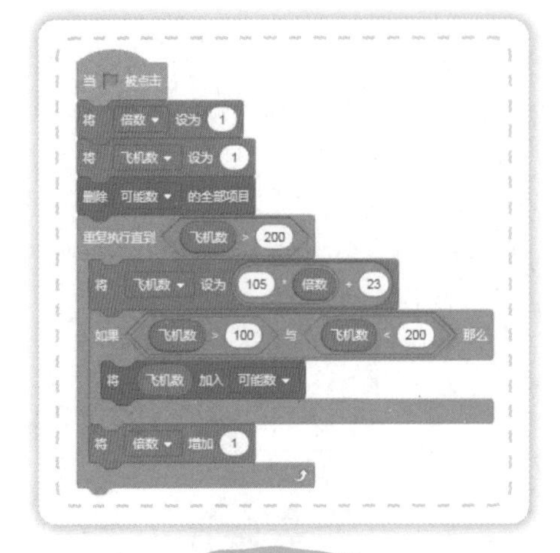

图 17-2

小麦，对于这个问题而言，第一种方法至少得运行 28 次才能得到结果，而第二种方法运行一次就能得到结果，效率提高了很多呢！

格致猫，今天我们解决的这个问题又被称为“韩信点兵”问题。据说有一次韩信带 1500 名士兵打仗，战死四五百人。为了统计还剩多少士兵，韩信让士兵 3 人一排，多出 2 人；5 人一排，多出 3 人；7 人一排，多出 2 人。韩信很快就说出了人数——1073。

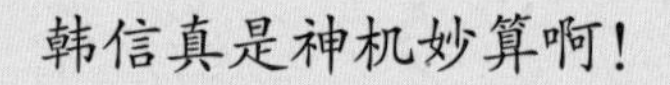

韩信真是神机妙算啊！

格致猫，韩信之所以有如此能力，绝不是凭小聪明。平日里的博览群书，不断思考与总结才能让他在关键时候胸有成竹、大显身手，成就了他“兵仙”“神帅”的美誉。

是啊，台上一分钟，台下十年功，有时候我们只羡慕别人聪明，却没有看到他们的付出。我们也应该努力呀！

成长日记

我们学会了“韩信点兵”问题的数学原理，并能通过编程进行求解。

第18节 冰雹猜想

1, 2, 3, 4, 5, …, 格致猫，这些数是什么数？它们的最大值是多少？

小麦，这不是正整数吗？它们可没有最大值，因为正整数有无限多个。这难不倒我的！

对，正整数有无限多个，当然没有最大值了。格致猫我再问你，你知道正整数有哪些共同点吗？

共同点？哈哈，它们都是正数。

除了都是正数外，它们还有一个共同点就是所有的正整数都难逃一个“宿命”。

还难逃一个“宿命”呢！看你说得这么神秘！

你不信吗？

当然不信了！

好，格致猫，那我们来试一下。你随便说一个正整数，如果它是奇数，就让它乘以3然后加1。如果它变成了偶数，就让它除以2。你看一看最终这个数会变成什么？

好，我试试。我先找一个奇数的例子。以 9 为例，9 是奇数，先将它乘以 3 再加 1，即 9×3+1=28；28 是偶数，直接除以 2，即 28÷2=14，14 也是偶数，那接着除以 2，14÷2=7，7 是奇数；那么乘以 3 加 1，即 7×3+1=22；22 是偶数，除以 2，22÷2=11；11 是奇数，那么就 11×3+1=34；再根据以上规律进行计算，即 34÷2=17，17×3+1=52，52÷2=26，26÷2=13，13×3+1=40，40÷2=20，20÷2=10，10÷2=5，5×3+1=16，16÷2=8，8÷2=4，4÷2=2，2÷2=1，1×3+1=4，4÷2=2，2÷2=1。我的天呐，累死我了，最后的结果是 1 啊！我喘口气儿，再找一个偶数试一试。那就试一试 10 吧。10÷2=5，5×3+1=16，16÷2=8，8÷2=4，4÷2=2，2÷2=1。结果也是 1！

怎么样，格致猫，它们是不是都难逃“宿命”？因为这些数在进行上面的运算时上下浮动得很剧烈，就像冰雹的形成过程：冰雹云中气流升降变化很剧烈，冰雹胚胎一次又一次地在空中上下翻滚，附着更多的过冷水滴，好像滚雪球似的越滚越大，一旦滚成大的冰雹，在云中上升气流托不住时，它就从空中掉下来了。因此，人们把任一正整数，如果是奇数就乘以 3 加 1，如果是偶数就除以 2，反复计算，最终都将会得到数字 1，称为“冰雹猜想”。

小麦，我刚才仅仅是试了试 9，就把我累死了。看来要想验证更大的数，还得借助编写程序来解决啊！

对，格致猫，人工计算特别耗时且特别无聊，我们可以把这项工作交给计算机去完成。怎么样？你快试试吧！

小麦，这个程序编写起来其实是很简单的。因为它的判别条件特别清晰，也就是如果这个数是偶数，那么它就除以 2，否则它就是奇数，那么它就乘以 3 加 1。因此这个问题就转换为判断一个数是奇数还是偶数，然后根据结果进行不同的选择。而判断数的奇偶性在前面就编写过，是用取余的方法进行。因此可以首先使用询问语句输入想要验证的数字，并把它的回答赋给变量“冰雹数”，积木组合为 询问 请输入一个数 并等待 / 将 冰雹数 设为 回答。同时建立一个列表“变化”来记录“冰雹数”的变化过程，积木组合为 删除 变化 的全部项目 / 将 冰雹数 加入 变化。紧接着对“冰雹数”进行重复验证，如果它是偶数就除以 2，否则就乘以 3 加 1，直到它变为 1 为止。在这个重复执行的过程还要把每次的变化记录在列表中（见图 18-1）。把以上几部分组和起来就是完整的程序（见图 18-2）。

图 18-1

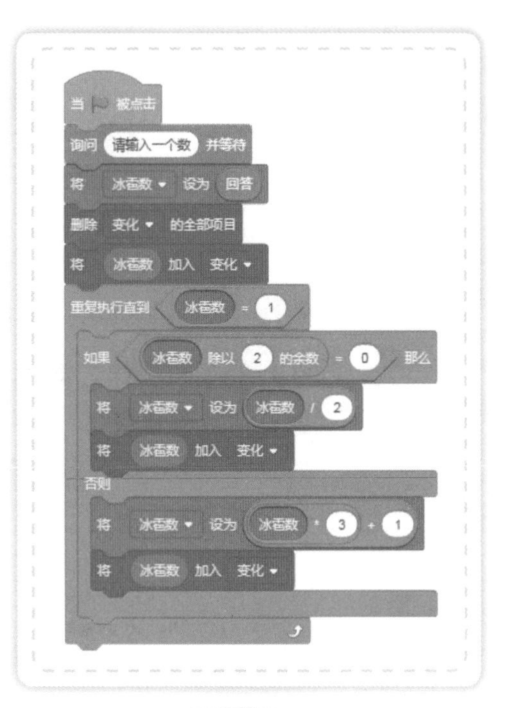

图 18-2

格致猫，有了这个程序我们就可以找不同的数字进行验证了。格致猫，你试试数字 27 如何?

OK！

当格致猫看到数字 27 的结果时，吃惊地瞪大了眼睛。

小麦，刚才笔算验证时，我幸亏没选 27。它竟然进行了 112 次运算才结束！最大值竟然到了 9232！

冰雹猜想又被称为数学黑洞，至今还没有人能够证明。人们甚至还没有找到一个反例。数学中还蕴藏着很多秘密等待我们去探索。

我们了解到什么是“冰雹猜想”，并能用编程的方法验证“冰雹猜想”。

第19节 杏仁桉的高度

上完科学课后，在放学回家的路上，小麦突然想到一个问题。

格致猫，你见过最高的树有多高?

嗯?我见过一棵树有六层楼那么高。一层楼大约是3米，六层楼就应该是18米。

哦?我前两天看过这样一篇报道，有一位伐木工人要锯一棵大树。他发现如果两米一段锯开的话，最后会剩一米。如果三米一段锯开的话，最后会剩两米。五米一段锯开的话，最后会剩四米。六米一段锯开的话，最后会剩五米。七米一段锯开的话，正好锯完。你算算这棵树有多高?

好，两米一段最后剩一米，说明这棵树的高度除以二余一；三米一段最后剩两米，说明这棵树的高度除以三余二；五米一段剩四米，说明这棵树的高度除以四余三；六米一段剩五米，说明这棵树的高度除以六余五；七米一段正好锯完，说明这棵树的高度是七的倍数。根据这五个条件，我可以利用编程的方法解出来。我先建立一个变量并命名为“高度”，把它的初值设为0，然后用积木 

把五个条件嵌套起来进行判断，每完成一次判断就让“高度”增加1，直到找到满足条件的数值为止。

完整的程序如图19-1所示。

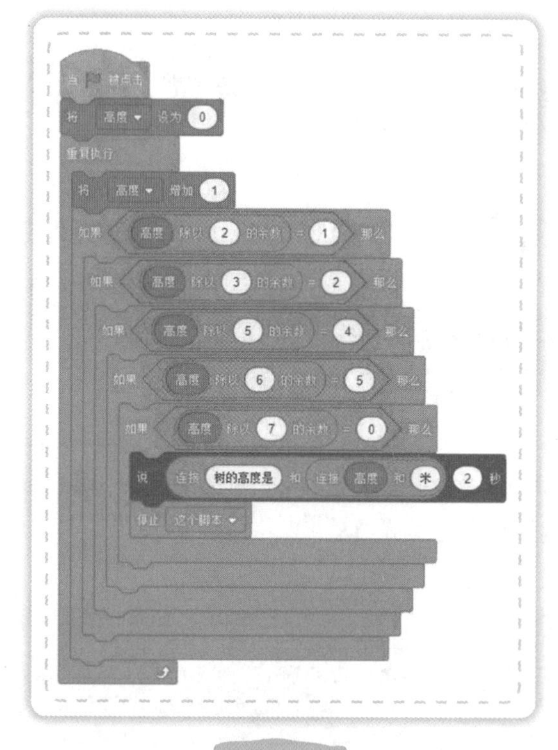

图 19-1

当我单击绿旗后，程序很快就给出了答案：119 米。哇！这也太高了吧！这是什么树啊？

这是澳大利亚草原上生长的杏仁桉，最高的可达 156 米呢！格致猫，你编写的程序能计算出杏仁桉准确的高度，说明程序是正确的。但是你再思考一下，你的程序可以进一步优化或是用其他方式表达吗？

噢？我再看一下。小麦，我发现树的高度是 7 的倍数，因此让程序每次重复执行时把高度增加 7 就可以，这样就能省去一层循环。程序如图 19-2 所示。我还可以用“与”的形式说明这四个条件必须同时满足。不过就是程序比较长，如图 19-3 所示。

```
当 🏴 被点击
将 高度 设为 0
重复执行
    将 高度 增加 7
    如果 <(高度 除以 2 的余数) = 1> 那么
        如果 <(高度 除以 3 的余数) = 2> 那么
            如果 <(高度 除以 5 的余数) = 4> 那么
                如果 <(高度 除以 6 的余数) = 5> 那么
                    说 (连接 杏仁桉的高度是 和 (连接 高度 和 米)) 2 秒
                    停止 这个脚本
```

图 19-2

```
当 🏴 被点击
将 高度 设为 0
重复执行直到 <<(高度 除以 2 的余数) = 1> 与 <(高度 除以 3 的余数) = 2> 与 <(高度 除以 5 的余数) = 4> 与 <(高度 除以 6 的余数) = 5>>
    将 高度 增加 7
说 (连接 杏仁桉的高度是 和 (连接 高度 和 米)) 2 秒
```

图 19-3

嗯，这样修改后程序比第一次的效率提高了很多。格致猫，你觉得这个问题是不是与“韩信点兵”问题有点相似呢？

对啊，小麦，这个问题的确和韩信点兵很相似。因此可以先找出满足除以二余一、除以三余二、除以五余四、除以六余五最小的数，然后找到 2，3，5，6 的最小公倍数，用它们的最小公倍数乘以一定的倍数加上这个满足条件的最小数，如果能被 7 整除就满足条件。

我们一个一个的条件突破，除以二余一的数有 1, 3, 5, 7, 9，11，13，15，17，19，21，23，25，27，29，31，…；除以三余二的数有 2，5，8，11，14，17，20，23，26，29，32，…；除以五余四的数有 4，9，14，19，24，29，34，…；除以六余五的数有 5，11，17，23，29，35，…。我们会发现 29 是满足以上条件的最小的数。

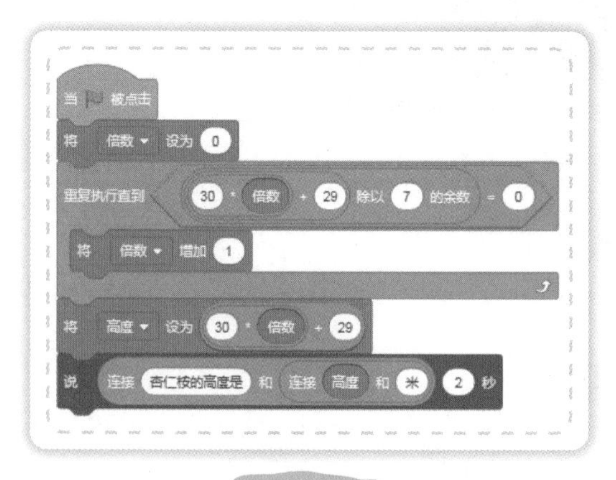

图 19-4

而 2，3，5，6 的最小公倍数是 30，因此我可以建立一个变量并命名为“倍数”，满足条件的数就可以表示为 30 * 倍数 + 29，程序可以写成图 19-4 这样。这样循环三次就得到了结果。

对，这样经过优化后的程序效率就大大提高了。格致猫，你再观察一下，这几个条件中除数和余数之间有什么关系？

除以二余一，除以三余二、除以五余四、除以六余五。它们的除数与余数的差都为一。这个信息我们能运用到编程中吗？

格致猫，如果一个数除以二余一的话，这个数是不是可以写成 2×倍数 +1？其中的 1 是不是可以写成 2−1？那么这个数是不是就可以写成 2×倍数 + 2−1？其中 2×倍数 +2 是不是还是 2 的整数倍？因此，如果一个数除以二余一，那么这个数是不是就可以写成 2 的整数倍减一？

同样的道理，一个数除以三余二，那么这个数就是 3×倍数 +2，其中 2 可以写成 3−1，因此这个数就可以写成 3×倍数 +3−1，3×倍数 +3 同样也是 3 的整数倍，那么这个数也就可以写成 3 的整数倍减一。同样的道理除以五余四、除以六余五，可以表示为 5 的整数倍减一，六的整数倍减一。所以满足这四个条件的最小的数应该是 2、3、5、6 的最小公倍数减一。我们把用一个数除以几个不同的数得到的余数与除数的差相同叫做同余问题。在同余问题中，这个被除数就等于几个除数的最小公倍数减去除数与余数的差。因此，在这个问题中满足条件的数应该是 30×倍数 −1。格致猫，你再用这个方法验证一下，看一看是否正确。

好的，小麦，我试试！

程序如图 19-5 所示。

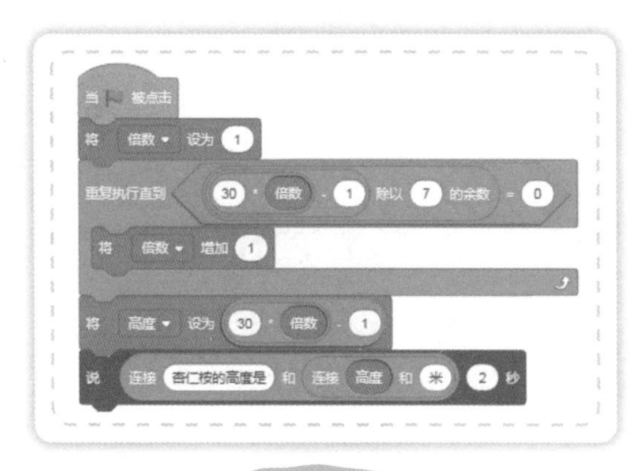

图 19-5

运行结果也是 119 米。小麦，这个问题让我不但知道了世界上最高的树是澳大利亚草原上生长的杏仁桉，还知道了同余法，真是收获满满啊！

成长日记

我们学到了什么是“同余问题”，并能灵活运用“同余问题”编程解决问题。

第20节 人口问题

格致猫看完一部纪录片后陷入了深思……

嘿！格致猫，怎么了？怎么忧心忡忡的？

哦，小麦。我刚看了一部反映地球资源的纪录片。这部纪录片中说随着人类人口的指数级增长，地球已经不堪重负了！

噢？纪录片中怎么说的？

纪录片中说经科学家测算，地球上的资源可供120亿人生活200年，或可供150亿人生活80年。目前，地球上已有人口约76亿。

的确，地球资源的逐步紧缺与人口的快速增长是人类目前面临的巨大问题。格致猫，我们今天可以通过数据计算一下地球最多能容纳多少人口。

怎么计算呢？

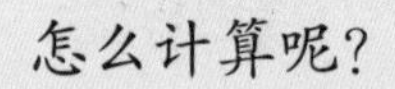

就利用你刚才提供的数据：地球上资源可供120亿人生活200年，或可供150亿人生活80年。其实地球上的资源在消耗的同时也有一定的新生资源，我们可以假设每年新生资源的速度是一定的。通过以上数据就可以大体算出地球上最多能承载多少人口。

嗯，小麦，我怎么觉得这个问题挺复杂呢？你看资源有消耗还有新增，一下子就把人弄糊涂了。

格致猫，千万别被这些复杂的表面现象吓倒了。我们要透过现象看本质。可以假设每1亿人每年消耗一份资源，你想想120亿人200年消耗多少资源？150亿人生活80年需要消耗多少资源呢？

每1亿人每年消耗1份资源，那120亿人200年就应消耗$120\times200=24000$份资源，150亿人80年就应该消耗$150\times80=12000$份资源。

格致猫，你再想一下，120亿人200年消耗的资源是由哪两部分构成的？

好，我想想。它们应该是由地球原有的资源加上200年新增的资源。那么150亿人80年消耗的资源应该是地球原有资源加上80年新增的资源。

你再想想，怎样才能让地球的资源消耗不尽呢？是不是消耗的资源量永远不超过地球新生资源的量就能保证地球的资源可以生生不息地循环再生了？

对，对，小麦。我们只要求出每年新生资源的量，使人口消耗资源的总量低于每年新生资源的量就可以了。那每年资源增长的量我们该如何计算呢？

刚才你说过，120亿人200年消耗的资源是地球原有资源与200年新增资源的和，150亿人80年消耗的资源是地球原有资源与80年新增资源的和。因此……

我明白了！这两个资源总量的差就是120年新增资源的和。你看120亿人消耗的资源总量=地球原有总量+200年新增资源量，150亿人消耗的资源总量=地球原有总量+80年新增资源量，两者之差=（地球原有总量+200年新增资源量）-（地球原有总量+80年新增资源量）=200年新增资源量-80年新增资源量=120年新增资源量=24000份-12000份=12000份。所以每年新增资源量=12000份÷120年=100份。前面假设每1亿人每年消耗1份资源，100份资源就是100亿人每年消耗的量。因此，我们地球上只要不超过100亿人就可以了。

格致猫，解决问题的思路你已经很清晰了，那你能用编程的方法求解吗？

我们可以分别建立变量“第一次人口数”“第一次消耗时间”“第二次人口数”“第二次消耗时间”，并分别通过询问语句获得它们的初始值（见图20-1）。然后通过 将 第一次消耗总量 设为 第一次人口数 * 第一次消耗时间 和 将 第二次消耗总量 设为 第二次人口数 * 第二次消耗时间 积木计算出第一次的消耗总量和第二次的消耗总量。此时把资源增长速度的初值设为1，积木为 将 资源增长速度 设为 1 。因为地球原有资源的量是一个定值，而地球原有资源量=第一次资源总量-200年资源增长量=第二次资源总量-80年资源增长量。因此可以把这个条件作为循环终止条件，在达到这个条件前“资源增长速度”每循环一次增加1直到条件满足为止，程序如图20-2所示。把以上几组积木组合后就可以得到完整的程序（见图20-3）。运行结果如图20-4所示。

```
询问 请输入第一次人口数 并等待
将 第一次人口数 ▾ 设为 回答
询问 请输入第一次消耗时间 并等待
将 第一次消耗时间 ▾ 设为 回答
```

（a）

```
询问 请输入第二次人口数 并等待
将 第二次人口数 ▾ 设为 回答
询问 请输入第二次消耗时间 并等待
将 第二次消耗时间 ▾ 设为 回答
```

（b）

图 20-1

```
重复执行直到 < (第一次消耗总量) - (资源增长速度) * (第一次消耗时间) = (第二次消耗总量) - (资源增长速度) * (第二次消耗时间) >
    将 资源增长速度 ▾ 增加 1
将 最大人口数 ▾ 设为 资源增长速度
说 连接 地球能容纳最大人口数为 和 连接 最大人口数 和 亿人！ 2 秒
```

图 20-2

```
当 ⚑ 被点击
询问 请输入第一次人口数 并等待
将 第一次人口数 ▾ 设为 回答
询问 请输入第一次消耗时间 并等待
将 第一次消耗时间 ▾ 设为 回答
将 第一次消耗总量 ▾ 设为 (第一次人口数) * (第一次消耗时间)
询问 请输入第二次人口数 并等待
将 第二次人口数 ▾ 设为 回答
询问 请输入第二次消耗时间 并等待
将 第二次消耗时间 ▾ 设为 回答
将 第二次消耗总量 ▾ 设为 (第二次人口数) * (第二次消耗时间)
将 资源增长速度 ▾ 设为 1
重复执行直到 < (第一次消耗总量) - (资源增长速度) * (第一次消耗时间) = (第二次消耗总量) - (资源增长速度) * (第二次消耗时间) >
    将 资源增长速度 ▾ 增加 1
将 最大人口数 ▾ 设为 资源增长速度
说 连接 地球能容纳最大人口数为 和 连接 最大人口数 和 亿人！ 2 秒
```

图 20-3

图 20-4

格致猫，程序我们编完了，也运行无误。可能有的人看到这个结果会觉得人口离 100 亿还早着呢！但是如果因为这样就肆意浪费资源，不注意保护环境，那人类将会承受灾难性的后果。

对，珍惜资源，爱护环境是每个人的责任与义务。小麦，假期中我们组织同学们一起到社区进行“珍惜资源、爱护环境”的宣传普及活动吧！让越来越多的人意识到资源与环境的重要性。

格致猫，你发现了吗？今天我们解决的问题其实就是经典的牛吃草问题。

还真是！

成长日记

我们通过分析问题找到数量之间的关系从而解决人口问题并利用编程进行了验证。

第21节 最大公约数

唉，太难了，这可怎么算啊！

格致猫边做题边唉声叹气。

怎么了？格致猫，什么题把你难成了这样？

别提了，小麦。今天我们学习求最大公约数。像12和27、15和35，这种我一眼就能看出来。可是像228和303或35和196这种我却无处下手，不知从何解起啊！

嗯，求较大数之间公约数的确是一件很困难的事。不过今天我可以教你一个小窍门儿。

什么小窍门儿？很简单吗？

如果你掌握了就会发现这很简单。这种方法叫做辗转相除法求最大公约数，古希腊数学家欧几里得最早提出这种算法，所以被命名为欧几里得算法。

哇，听起来太高深了，是不是很难呢？

我先把这种方法和你说一说。

这里有两个正整数，首先把较大的数作为被除数，较小的数作为除数，用较大的数除以较小的数，得到余数，如果此时余数不为 0，再用刚才较小的数作为被除数，余数作为除数，用刚才较小的数除以余数，此时得到了一个新的余数，如果这个余数还不为 0，再用第一次得到的余数作为被除数，新的余数作为除数，进行上面的除法，直到余数为 0，此时的除数就是最大公约数。

小麦，我怎么听得似懂非懂呢？里面一会儿这个为除数，一会儿那个为被除数，能举个例子吗？

好，我们以 75 和 45 为例，第一次用 75÷45=1……30；第二次被除数为 45，除数为余数 30，即 45÷30=1……15；第三次被除数为 30，除数为 15，即 30÷15=2……0，所以 75 与 45 的最大公约数就是 15。

哦，方法我基本明白了。首先用较大的数作为被除数，较小的数作为除数，得到商和余数。只要余数不为 0，,就用上次的除数作为被除数，余数作为除数继续这种方法，直到余数为 0，那么此时的除数就是最大公约数。

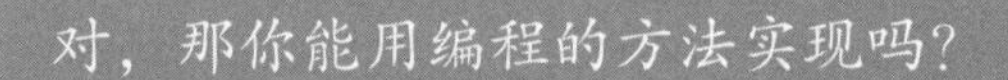

对，那你能用编程的方法实现吗？

其实这还是一个条件循环结构，循环的终止条件是被除数除以除数的余数为 0。只不过在循环体内要不断地赋予被除数、除数、余数新的值。首先用侦测语句获取两个数，分别为“第一个数”“第二个数”，并把它们的值分别赋给“被除数”“除数”（见图 21-1）。

图 21-1

然后利用积木 

进入条件循环。在条件循环中，不断迭代“被除数”“除数”“余数”的值（见图 21-2）。把这组积木镶嵌到循环结构中（见图 21-3），就可以进行辗转相除的运算。把各个模块组合后得到完整程序（见图 21-4），然后输入 228 和 303 后得到最大公约数为 3（见图 21-5）。

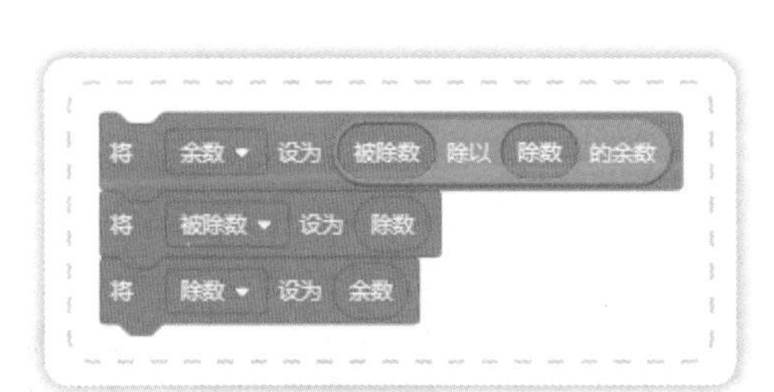

图 21-2

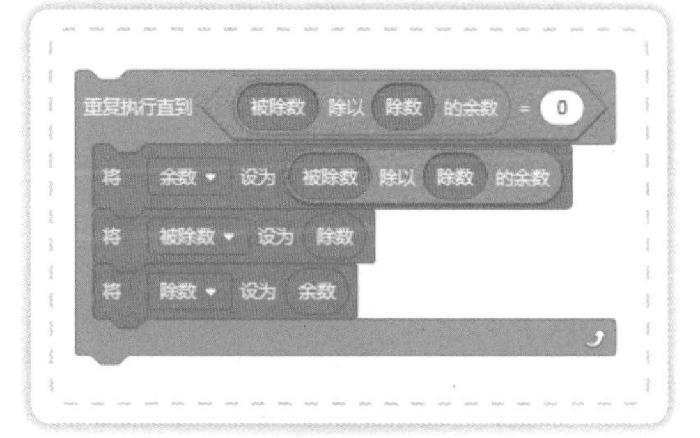

图 21-3

```
当 被点击
询问 请输入第一个数 并等待
将 第一个数 设为 回答
将 被除数 设为 第一个数
询问 请输入第二个数 并等待
将 第二个数 设为 回答
将 除数 设为 第二个数
重复执行直到 被除数 除以 除数 的余数 = 0
    将 余数 设为 被除数 除以 除数 的余数
    将 被除数 设为 除数
    将 除数 设为 余数
将 最大公约数 设为 除数
说 连接 最大公约数为 和 最大公约数
```

图 21-4

图 21-5

格致猫，不错，这么快就把程序编写出来了。你看通过程序是不是很快就算出了不同的两个数的最大公约数？

对，小麦。不过我还有一个疑问。

什么疑问？

我们为什么能用辗转相除法求出两个数的最大公约数呢？

格致猫，真不错，善于思考，遇到问题善于提问，是一种好的学习习惯。辗转相除法的道理其实挺简单的。我们先以两个具体的数为例讲解一下。

好的，小麦。以哪两个数为例呢？

以求 72 和 48 的最大公约数为例吧！格致猫，72÷48=1……24，72 除以 48 是不是商 1 余 24？因此，72 是不是可以写成 48×1+24？因此 72=48+24。

对，72=48+24。

那 24 是不是就可以写成 72−48？也就是 24=72−48？

当然可以了。

格致猫，你继续思考，如果一个数是 72 和 48 的公约数，那么这个数是不是一定也是 24 的约数呢？

这我得想想。72 和 48 的公约数有 2，3，4，6，8，12，24。而 24 的约数有 2，3，4，6，8，12，24。对，如果一个数是 72 和 48 的公约数，那这个数也一定是 24 的约数。

那你再看看，如果一个数是 24 和 48 的最大公约数，那么这个数是不是 72 和 48 的最大公约数呢？

24 和 48 的公约数是 2，3，4，6，8，12，24，它们的最大公约数是 24；而 48 和 72 的公约数是 2，3，4，6，8，12，24，它们的最大公约数也是 24。因此，如果一个数是 24 和 48 的最大公约数，那它一定也是 48 和 72 的最大公约数。小麦，我现在是既有点儿清楚也有点儿迷糊。因为现在我们举的例子是 48 和 72 两个数，任意两个数也能行吗？

格致猫，你看被除数是不是等于除数乘以商加余数？也就是被除数 = 除数 × 商 + 余数。但是在解释的过程中如果一直用被除数、除数、余数这些名称十分繁杂，因此人们通常用字母来代替。

假设用 a 代替被除数、b 代替除数 × 商、c 代替余数，此时被除数 = 除数 × 商 + 余数就可以表示为 $a=b+c$。同理，$c=a-b$。如果 d 是 a 和 b 的公约数。假设 a 是 d 的 m 倍，那么 a 就可以写成 $m\times d$。b 是 d 的 n 倍，那么 b 就可以写成 $n\times d$。即 $a=m\times d$ 和 $b=n\times d$，因此 $c=m\times d-n\times d$。设 m 和 n 是自然数，那么 $m-n$ 一定也是一个自然数，所以 c 也一定是 d 的整数倍。因此 d 就是 c 的约数。

对，对。

同样的道理。假设 d 是 a 和 b 的最大公约数，那么 d 是 c 的一个约数，e 是 b 和 c 的最大公约数，那么 d 也是 e 的约数。而 e 作为 b 和 c 的公约数，它一定也是 a 和 b 的公约数，而 d 是 a 和 b 的最大公约数，因此 e 一定也是 d 的约数。现在 e 和 d 互为约数，说明 e 和 d 是同一个数。因此，a 和 b 的最大公约数一定是 b 和 c 的最大公约数。辗转相除法就是利用这个原理求最大公约数的。

嗯，小麦。这样一解释我就彻底明白了。

格致猫，还得表扬你打破砂锅问到底的精神。有了这个好习惯，我们一定会取得更大进步的。

对，我们学习过程中一定不能“蜻蜓点水”，而应知其然还得知其所以然！

成长日记

我们学会了“辗转相除法”的数学原理，并能通过编程实现“辗转相除法”求两个数的最大公约数。

第22节 篱笆的长度

221等于……221等于……

格致猫，嘟囔什么呢？什么221啊？

哦，小麦。昨天晚上我爷爷给我打电话说，他的农场刚刚规划完，给我留了一块长方形的地，面积是221平方米。准备给我用篱笆围起来，让我搞一个小小农场，可以种植我喜欢的花、草、蔬菜，也可以养小动物。今天爷爷要去买篱笆，让我帮忙算算他得买多少米篱笆。

因为长方形的面积 = 长 × 宽，所以这个问题其实就是求221因数的问题。进一步可以转换为求一个数的质因数问题。我们求出某个数的质因数后可以先根据情况进行组合，然后找到符合条件的因数。

小麦，前面解决过判断某数是否为质数的问题。求某个数的质因数是不是就是把这个数分解成若干个质因数的乘积呢？

对，格致猫！把一个数分解成质因数，要从最小的质数除起，一直除到结果为质数为止。

最小的质数是2，那就应该从2除起。我想想……举个例子吧！

拿 180 来说，先用 180÷2=90；再用商 90÷2=45；此时 45÷2 不能除尽，因此把除数加 1，这时除数就变成了 3，再用 45÷3=15；15÷2 不能除尽，因此除数加 1 变为 3，15÷3=5；5÷2 不能除尽，除数加 1 变为 3，5÷3 还不能除尽，除数再加 1 变为 4，5÷4 也不能除尽，除数再加 1 变为 5，5÷5=1，此时商为 1，小于 2，所以就不用再分解了。由此可见 180 的质因数就是 2，2，3，3，5，也可以写成 180=2×2×3×3×5。

对，那你怎么把这种数学方法转换成编程的方法呢？

把一个数分解成质因数，首先让这个数从最小的质数开始除，也就是首先除以 2，如果能除尽，就再用这个数除以 2 的商作为被除数，继续从 2 开始除，如果能除尽，就重复上面的步骤。如果不能除尽，就把除数加 1，再继续除，直到被除数小于 2 为止。

嗯，可以先建立一个列表，命名为“质因数”并清空，用来存放分解出来的质因数。通过询问语句获得需要分解的数，积木组合为 询问 请输入一个数 并等待 / 将 被除数 设为 回答。再建立一个变量并命名为“除数”，初值为 2，积木为 将 因数 设为 2。然后进入一个条件循环，跳出循环的条件是“被除数小于 2”，积木组合为 重复执行直到 被除数 < 2。在循环体内部，用“被除数”除以“除数”，如果被除数除以除数的余数为 0，即能整除，就把除数的值加入列表“质因数”中，并把结果赋给“被除数”。

如果以上条件不满足，则进入“否则”分支，也就是“除数”+1（见图 22-1）。把几个积木组合后就成为完整的程序（见图 22-2）。

```
如果 <(被除数) 除以 (除数) 的余数 = 0> 那么
    将 (除数) 加入 质因数
    将 被除数 设为 ((被除数) / (除数))
否则
    将 除数 增加 1
```

图 22-1

```
当 ⚑ 被点击
删除 质因数 的全部项目
询问 请输入一个数 并等待
将 被除数 设为 (回答)
将 除数 设为 2
重复执行直到 <(被除数) < 2>
    如果 <(被除数) 除以 (除数) 的余数 = 0> 那么
        将 (除数) 加入 质因数
        将 被除数 设为 ((被除数) / (除数))
    否则
        将 除数 增加 1
```

图 22-2

我们验证一下，输入 180 后，列表中显示

。

那么你的农场需要多少米篱笆呢？

输入 221，列表中显示

，也就是我的农场是一个长 17 米，宽 13 米的长方形。我应该买的篱笆的长度就是这个长方形的周长，也就是（13+17）×2=60 米。我赶紧打电话告诉爷爷。这程序真是太给力了！

的确，程序可以给我们解决很多问题，为我们节省大量时间。但是我们不能仅仅满足于程序带来的方便，还应该明白程序工作的原理。这样我们才能变成“智慧小达人”哦！

我们学会了分解质因数的数学原理，并学会了如何编写求任意合数的质因数的程序。

第23节 可怜的海盗

格致猫，看什么呢？这么聚精会神！

一本关于海盗的漫画。小麦，正好你来了，这上面还有一个很有趣的问题呢！

什么问题？

这群海盗遇到了暴风雨，迷失了航向。船上的物资只能满足 5 个人使用，而现在他们还剩 30 人，因此他们决定围成一圈开始报数，每数到 5，那个人就自动离开直到剩下 5 人为止。小麦，你觉得哪几个人可能会留下来呢？

格致猫，我们可以通过 Excel 表格模拟一下。首先在 A 列输入数字 1 ~ 30（见图 23-1），然后每数到 5 就删除该行。你试一下最后会剩下哪些数字。

小麦，这个办法还真管用。第一轮完成后的结果如图 23-2 所示。这时再从第一行开始。第二轮结束前从 26 到 29 只是数了 4（见图 23-3），因此第 5 个数只能返到第一行，此时应该删掉第一行中的数字 1，删除完成后结果如图 23-4 所示。这样一直删下去直到剩下 5 个数字，即

	A
1	3
2	4
3	14
4	17
5	27

。小麦，最后的编号为 3，4，14，17，27 的五个海盗幸存了下来。

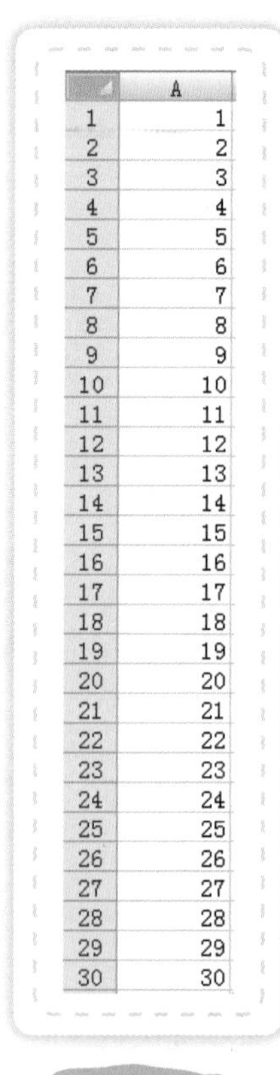

	A
1	1
2	2
3	3
4	4
5	5
6	6
7	7
8	8
9	9
10	10
11	11
12	12
13	13
14	14
15	15
16	16
17	17
18	18
19	19
20	20
21	21
22	22
23	23
24	24
25	25
26	26
27	27
28	28
29	29
30	30

图 23-1

	A
1	1
2	2
3	3
4	4
5	6
6	7
7	8
8	9
9	11
10	12
11	13
12	14
13	16
14	17
15	18
16	19
17	21
18	22
19	23
20	24
21	26
22	27
23	28
24	29

图 23-2

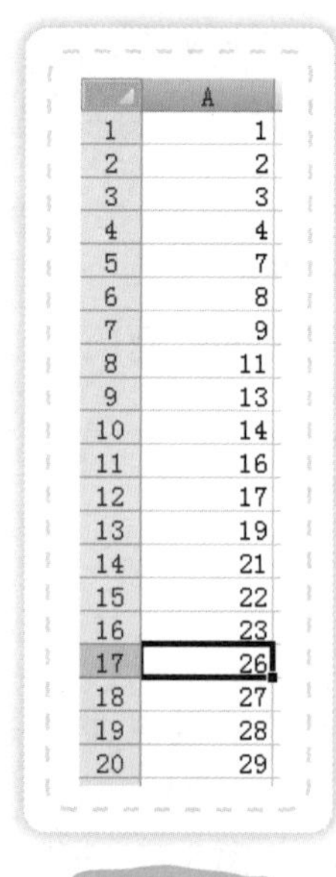

	A
1	1
2	2
3	3
4	4
5	7
6	8
7	9
8	11
9	13
10	14
11	16
12	17
13	19
14	21
15	22
16	23
17	26
18	27
19	28
20	29

图 23-3

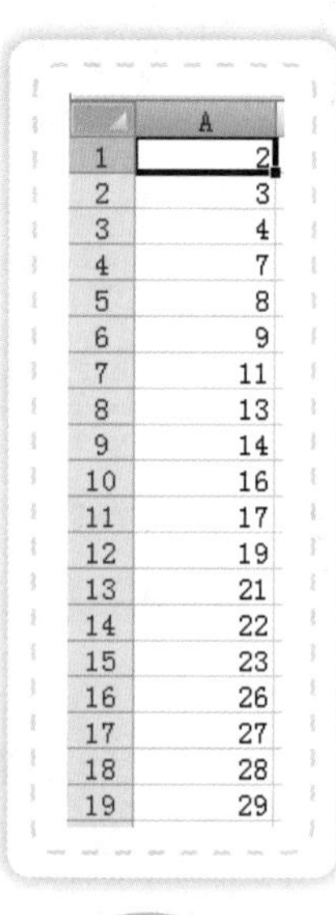

	A
1	2
2	3
3	4
4	7
5	8
6	9
7	11
8	13
9	14
10	16
11	17
12	19
13	21
14	22
15	23
16	26
17	27
18	28
19	29

图 23-4

格致猫，在利用 Excel 表格找这些编号时，你觉得哪些是需要特别注意的？

第一是每数到 5 就得删除表格中的内容，第二是每到表格的最后要返到表格的第一行接着计数。

格致猫，你觉得这个 Excel 表格和什么很相像？

唉？你别说，小麦，你一下子提醒了我。这个 Excel 表格特别像 Scratch 中的列表。

那你能不能用 Scratch 通过编程的方式找出哪些编号的海盗可以幸存呢？

我觉得我有思路了。可以先建立一个列表，在这里就用“列表”作为它的名字。在程序开始前加上 删除 列表 的全部项目 积木，这样可以把每次操作的残留内容清除掉。然后用询问语句获得人数，这个人数就是海盗的编号。建立一个变量并命名为“人数”，它的初值设为 0。通过循环语句使它每次增加 1，并把相应的值写入“列表”中，作为海盗的编号存储起来，直到它的值等于“回答”为止（见图 23-5）。

这时再新建一个变量并命名为“指针”，它的主要作用是对应列表的项数。“指针”的初值为“0”，每次增加 1，每到 5 就删除相应列表项数中的编号（见图 23-6）。需要注意的是，当指针的值大于列表的项数最大值时，说明已经到了列表的最后一项，此时就应该返回列表的第一项计数，就像在 Excel 表格中的一样，因此还应该加上返回首项的积木组合

，此功能的完整程序如图 23-7 所示。

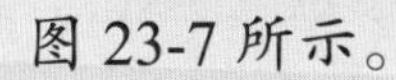

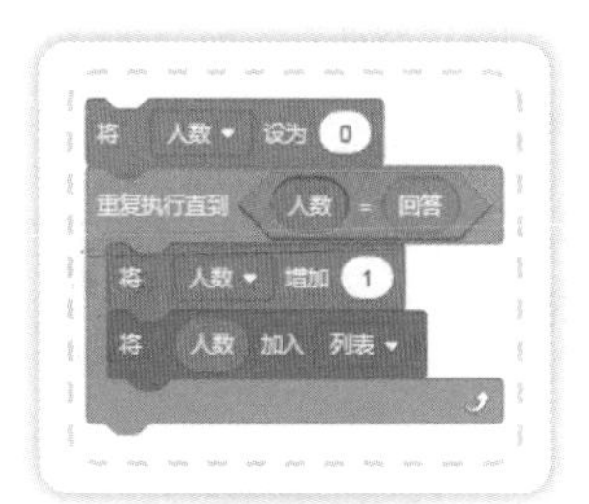

图 23-5

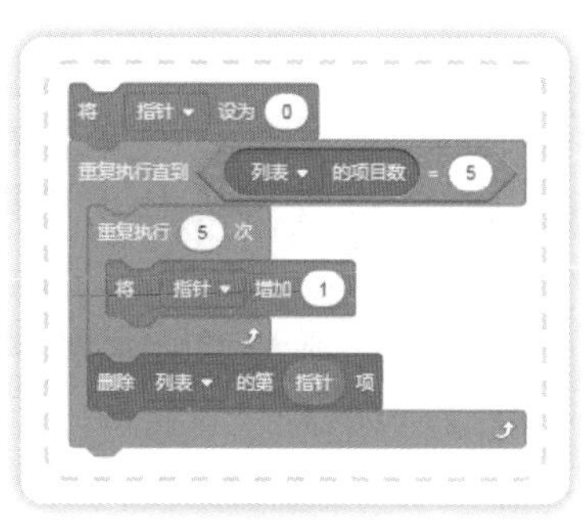

图 23-6

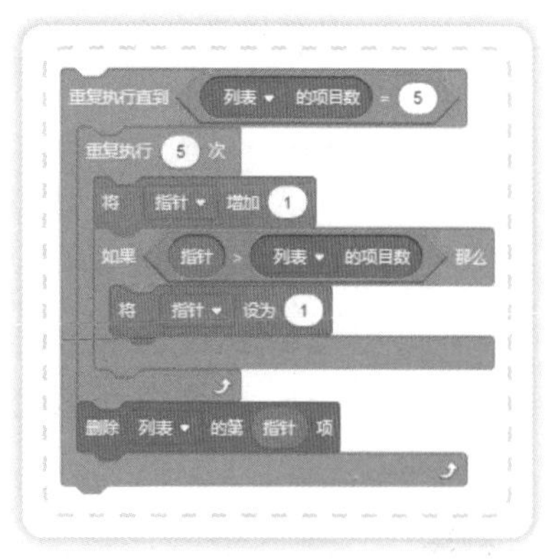

图 23-7

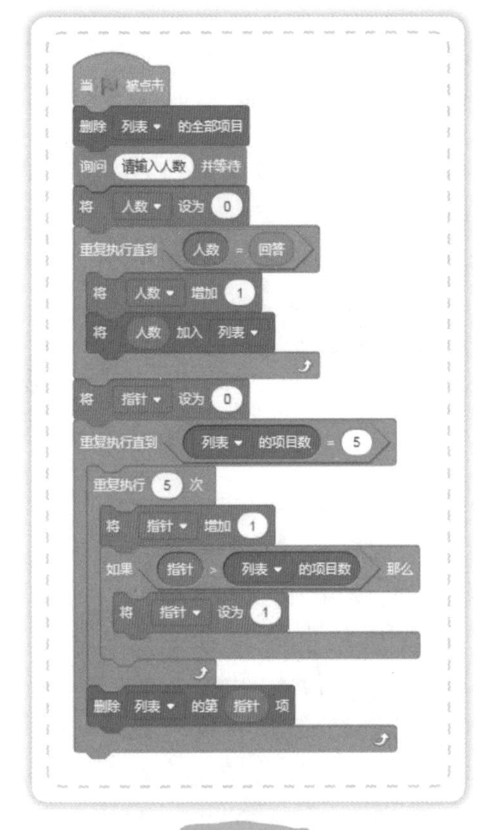

图 23-8

所有积木组合后的程序如图 23-8 所示。我现在输入 30，看一看运行结果是否正确。嗯？运行结果有问题，

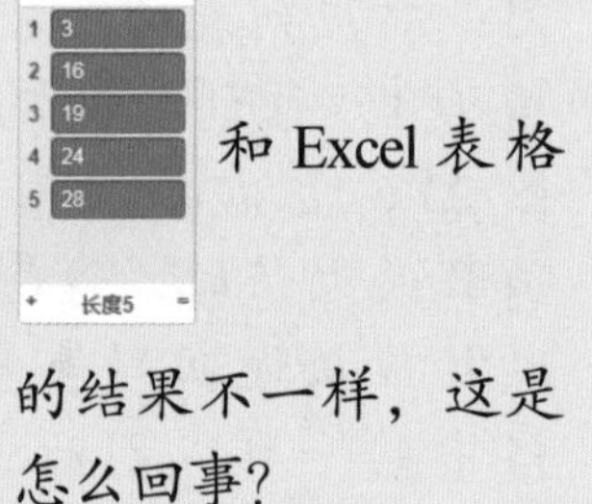

和 Excel 表格的结果不一样，这是怎么回事？

格致猫，这一定是“指针”与列表的项数之间不对应造成的，你再好好想想怎样才能解决这个问题？

格致猫仔细地观察了刚才完成的程序，突然开心地跳起来。

我找到了！小麦你看，每到 5 就会删除列表中对应的内容，随着内容被删除，相应的项也就删除了，因此项数就会减少 1，而程序中的“指针”还是原来的值，这样就会出现了“指针”与项数不对应的问题。

那应该怎么解决呢？

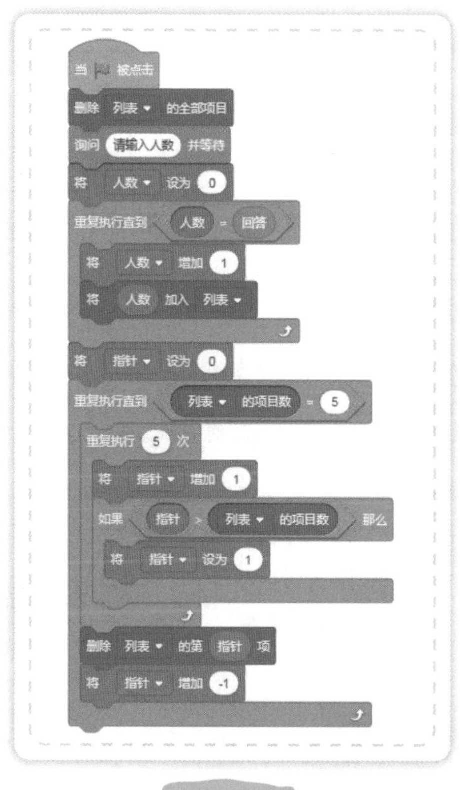

图 23-9

既然项数减小了 1，我们相应地应该把“指针”也减少 1，也就是让“指针”增加“–1”就行，积木为 [将 指针 增加 -1]。修改后的程序如图 23-9 所示。我再输入 30 试一试，运行结果是

列表	
1	3
2	4
3	14
4	17
5	27
+ 长度5 =	

，正确！

祝贺你，格致猫，又解决了一个问题！

我们学会了如何利用 Excel 表格与 Scratch 列表的相似性辅助梳理编程思路，建立数学模型，从而解决问题。

第24节 荒岛求生

格致猫正在津津有味地看着之前那本关于海盗的漫画书，小麦朝他走来。

格致猫，这本漫画书还没看完啊！那群海盗怎么样了？

小麦，我正要找你呢！剩下的5个海盗到了一个满是椰子树的荒岛上。他们摘了一天的椰子作为下一步的物资储备，等着有来往的船只把他们救回去。

哦，这不成了鲁滨逊荒岛求生了嘛！

小麦，现在有这样一个问题：这5个海盗一起摘了一堆椰子，因为太累了，他们商量决定，先睡一觉再分。不知过了多久，来了1个海盗，他见别的海盗没来，便将这1堆椰子平均分成5份，结果多了1个，就将多的这个吃了，拿走了其中的1堆。又过了不知多久，第2个海盗来了，他不知道有1个同伴已经来过了，以为自己是第1个，于是将地上的椰子堆起来，平均分成5份，也发现多了1个，同样吃了这1个，拿走其中的1堆。第3个、第4个、第5个海盗都是这样。问这5个海盗至少摘了多少个椰子？

这个问题有点烧脑，需要把一些量做一下转换。假设一开始共有N个的椰子，把N做一下转换，N是不是也可以写成（N+4）−4？

对，可以。N 加上 4 又减去 4，所以还是 N。

那第 1 个海盗吃掉 1 个椰子后椰子的数量是不是变成了（N+4）−4−1？也就是（N+4）−5？

对，减去 4 个又减去 1 个就是减去 5 个。

而此时这些椰子还能分成 5 份，是不是就是（N+4）−5 能被 5 整除？因此 N+4 是不是就是 5 的整数倍？

对，一个数减去 5 能被 5 整除，那这个数一定是 5 的整数倍。

这些椰子被分成了 5 份，每份是不是［(N+4）−5］/5？第 1 个海盗拿走他的那份，那么剩下的就应该是 $\frac{4}{5}$［(N+4)−5］。去掉中括号后就变成了 $\frac{4}{5}$（N+4）−4。

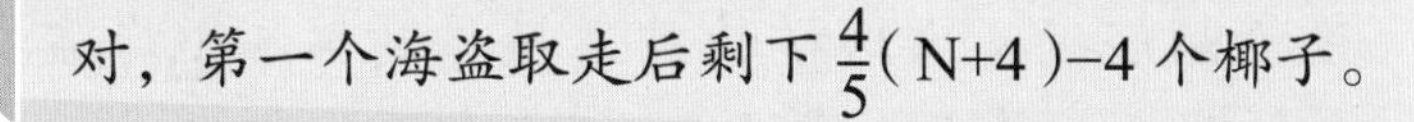

对，第一个海盗取走后剩下 $\frac{4}{5}$(N+4)−4 个椰子。

同样的道理，第 2 个海盗也吃掉 1 个椰子，那现在椰子的数量为 $\frac{4}{5}$(N+4)−4−1 个，也就是 $\frac{4}{5}$(N+4)−5 个。第 2 个海盗再取走他的那份椰子，剩下的椰子就变成了现在椰子数的 $\frac{4}{5}$，也就是 $\frac{4}{5}\left[\frac{4}{5}(N+4)-5\right]$个，去掉式中括号后为 $\frac{4}{5}\times\frac{4}{5}$(N+4)−4。因为椰子数为整数，所以（N+4）应该是 5×5 的整数倍。这样一吃一取，第 5 个海盗拿走他那份椰子后剩余椰子的数量应为 $\frac{4}{5}\times\frac{4}{5}\times\frac{4}{5}\times\frac{4}{5}\times\frac{4}{5}$（N+4）−4 个椰子。

同样因为椰子的数量为整数，所以（N+4）应为 5×5×5×5×5 的整数倍，最小的整数倍为 1 倍，（N+4）=5×5×5×5×5=3125，N=3125−4=3121，因此椰子最少应该为 3121 个。

小麦，这个数学方法很巧妙。尤其是它把椰子数 N 转换成（N+4）−4，这样每次吃掉一个也就是减 1 时就变成（N+4）−5，而每次这个海盗取走他的那份椰子后剩下的是原来的 $\frac{4}{5}$，而 $5\times\frac{4}{5}=4$，通过不断的凑 5，然后与 $\frac{4}{5}$ 相乘变为 4，从而使我们明确数量关系规律。小麦，你能用数学的方法解决，我也能用编程的方法解决。

格致猫，说一说你的思路吧！

这个问题在编程上也是需要窍门的。小麦，根据问题我可以找到这些线索：第一，下一次椰子的数量是上一次椰子数量减去 1 的 $\frac{4}{5}$。第二，从第 1 个海盗开始经过 4 次这样的重复操作到第 5 个海盗吃掉 1 个椰子。第三，第 5 个海盗吃掉 1 个椰子后，还能平分成 5 份，说明第 4 个海盗取走他那 1 份后剩余的椰子减 1 能被 5 整除。因此，根据这 3 个条件可以建立 1 个“椰子数”变量，并把它的初值设为 1，积木为 [将 椰子数 ▾ 设为 1]。重复执行 10000 次，也就是在 10000 以内找一找是否有符合条件的数字，积木为 [重复执行 10000 次]。通过 [椰子数 - 1 * 4 / 5] 积木计算每次的椰子数并把它赋给变量“椰子数”，从而迭代求出下一次“椰子数”的值，积木为 [将 椰子数 ▾ 设为 椰子数 - 1 * 4 / 5]。

通过 重复执行 4 次 将 椰子数 设为 椰子数 - 1 * 4 / 5 积木组合重复执行 4 次得到第 4 个海盗取走他的椰子后剩余的椰子的数量。通过 如果 椰子数 - 1 除以 5 的余数 = 0 那么 说 椰子数 2 秒 积木组合判断此时的椰子数减 1 后是否是 5 的整数倍，如果是，那么此时变量“椰子数”的值就是我们要求的椰子的数量。检测完成后跳出“如果……那么”语句，变量“椰子数”加 1，积木为 将 椰子数 增加 1，进行下一次的寻找。积木组合后如图 24-1 所示。但运行后发现结果为 椰子数 -2.306233，显然这个结果是错误的。

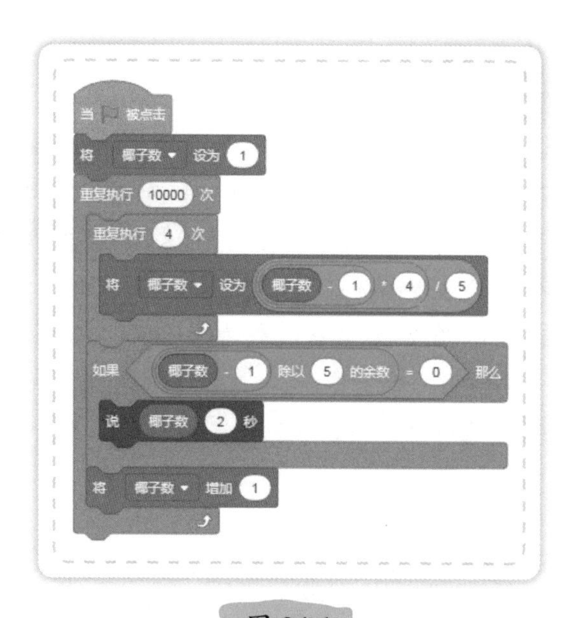

图 24-1

格致猫，这个程序貌似是正确的，但结果是错误的，到底是哪个地方出了问题？

小麦，将 椰子数 增加 1 积木的本意是让变量“椰子数”从 1 一直加到 10000，在这 10000 个数中找到符合条件的数。但是变量“椰子数”初值为“1”，经过

积木组合运算后“椰子数”的值已经变成了一个小于 0 的数，显然是不对的。

那应该怎么办呢？

我们思考一下是不是再加一个变量，使它既能获得变量“椰子数”的数值，又不影响变量“椰子数”从 1 增加到 10000。

嗯，有道理。

因此我又建立了一个变量“椰子数副本”，用它来获取变量“椰子数”的值，积木为 将 椰子数副本 设为 椰子数，并执行所列的 3 个条件（见图 24-2）。这样“椰子数”的值既能变化还不影响它的增加。组合后的最终程序如图 24-3 所示。运行后的结果为 3121、6246、9371。因此，最小值为 3121，因此至少有 3121 个椰子。

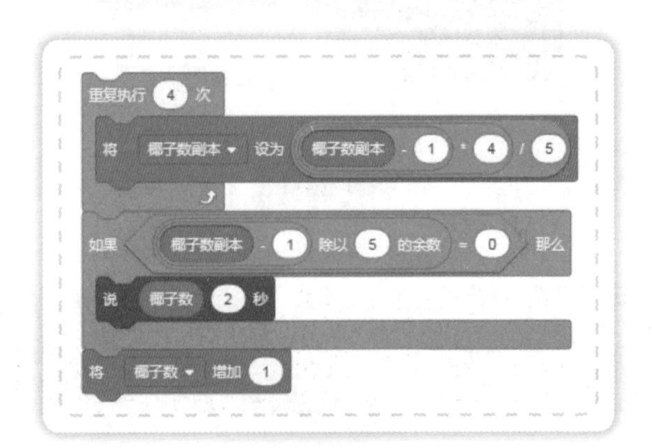

图 24-2

```
当 [绿旗] 被点击
将 椰子数 ▾ 设为 1
重复执行 10000 次
    将 椰子数副本 ▾ 设为 椰子数
    重复执行 4 次
        将 椰子数副本 ▾ 设为 ((椰子数副本 - 1) * 4 / 5)
    如果 <((椰子数副本 - 1) 除以 5 的余数) = 0> 那么
        说 椰子数 2 秒
    将 椰子数 ▾ 增加 1
```

图 24-3

格致猫，你的算法的确很巧妙。我的数学解法是用了转换的方法，你的编程是用了关联的方法。因此，今后面对比较复杂的问题时，首先要把它里面的各种线索找到，然后利用一些合理的策略把复杂问题转换成较简单的问题，从而化难为易，化繁为简，帮我们攻克这些难题。

对，小麦，我们要用合理策略化难为易，化繁为简！Let’s go（走吧）！让我们出去放松放松吧！

我们分别学会了用“转换法”和“变量关联法”求解“海盗分椰子”问题。

第25节 冒泡排序

格致猫兴高采烈地跑到小麦身旁。

小麦，我刚才做了一件大事！

什么大事？让你这么高兴！

我刚才经过一楼，一群一年级新生围着他们的班主任王老师叽叽喳喳的。王老师看到我路过，就对我说，她正好有事去图书馆，让我帮忙把这群新生按高矮排个队！

看你这么高兴就知道你圆满完成任务了！快说说你是怎么完成的。

我先让他们站成一排，然后两个两个的比较，个子高的往后站。

怎么两个两个的比呢？

首先，第一个和第二个比，个子高的站在第二的位置上。然后第二个和第三个比，个子高的站在第三的位置上。这样一直比，直到最后一个。这一轮比完了，如果还不行，那就从头再开始比，直到全部都按从低到高的顺序站好为止。

格致猫，不错啊！你就是用的冒泡排序法啊！

嘿嘿，冒泡排序法？我还是第一次听说呢！也太高深了吧！我就是凭着我的直觉帮他们排的队！

其实很多理论就是来自于日常生活，只不过是把日常想法或经验进行了提取与加工。就拿冒泡排序法来说，这种方法就是不断地用相邻的两个数进行比较，较小的数向前排，较大的数向后排，通过几轮比较后，就变成由小到大的排列了。

小麦，我怎么听着这种方法像妈妈在淘米一样呢？通过不断地晃动盛米的盆，米由于较轻就到了上面，沙子或小石块由于较重就沉到了底部。

格致猫，你的想象力还是挺丰富的！你别说，还真有点儿像呢！

小麦，那我们怎么把这种来自现实生活中的淘米法转换成程序语言呢？

不是淘米法，是冒泡排序法。假设我们这里有 9，8，6，4，2 五个数字，按照你给新生排队的方法你觉得应该怎么操作才能让它们从小到大排列呢？

按照这五个数字的顺序，我先比较 9 和 8，9 比 8 大，两数交换位置，9，8，6，4，2 就变成了 8，9，6，4，2。再在这个基础上比较 9 和 6，9 比 6 大，两数交换位置，8，9，6，4，2 就变成了 8，6，9，4，2。

然后比较 9 和 4，交换位置后变为 8，6，4，9，2。最后比较 9 和 2，交换位置后变为 8，6，4，2，9。通过第一轮比较，最大的数 9 就找出来了，并放在最后的位置上。然后从头开始比较，寻找仅次于 9 的数，放在倒数第二的位置上。这样一直进行下去直到把所有数字的正确位置找到并按从小到大的顺序排列好。

格致猫，这样应该进行几轮呢？每一轮应该比较几次呢？提醒你一下，计算机不能像人类一样根据大量来自生活的经验逐步形成直觉，从而根据观察结果直观地进行判断，它只能根据人类给它的程序进行运算才能完成任务，因此我们必须告诉计算机如何计算比较的轮次，即每轮次中比较的次数。

这……我还真没想过。小麦，你说应该是多少轮，每轮比较多少次呢？

格致猫，我用 Excel 表格把冒泡排序的过程做了一下模拟，你通过我的模拟过程（见图 25-1），看一看能不能把这些规律总结出来？其中红色标记的数字表示要进行比较的两个数字，绿色标记的数字表示调整顺序后的数字。

	第一次		第二次		第三次		第四次			第一次		第二次		第三次			第一次		第二次			第一次	
第一轮	9	8	8	8	8	8	8	8	第二轮	8	6	6	6	6	6	第三轮	6	4	4	4	第四轮	4	2
	8	9	9	6	6	6	6	6		6	8	8	4	4	4		4	6	6	2		2	4
	6	6	6	9	9	4	4	4		4	4	4	8	8	2		2	2	2	6		6	6
	4	4	4	4	4	9	9	2		2	2	2	2	2	8		8	8	8	8		8	8
	2	2	2	2	2	2	2	9		9	9	9	9	9	9		9	9	9	9		9	9

图 25-1

小麦，我发现你的例子中共有 5 个数字，进行了 4 轮的排序，也就是 5−1 轮，进行的轮次比数字总数少 1。

随着轮次的增加，每轮进行比较的次数逐渐减少，但是轮次与每轮比较的次数之和正好是数字的总个数。如第一轮轮次为 1，比较次数为 4，1+4=5；第二轮轮次为 2，比较次数为 3，2+3=5……

格致猫，你观察得真仔细，但我还有一个问题需要你思考一下。以第一轮第一次为例，我们看到 9 和 8 两个数字，会在脑子中直接把两个数进行位置调换。但计算机是把数字存储在变量中，变量相当于一个容器，而且每次只能存储一个数据，就像是有两个杯子，一个杯子盛着红墨水，一个杯子盛着蓝墨水，怎样才能把这两个杯子中的墨水进行置换呢？

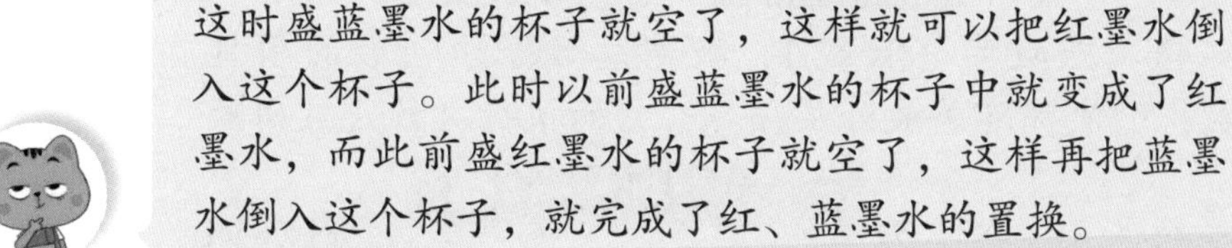

我可以再找一个空杯子，先把蓝墨水倒进空杯子中，这时盛蓝墨水的杯子就空了，这样就可以把红墨水倒入这个杯子。此时以前盛蓝墨水的杯子中就变成了红墨水，而此前盛红墨水的杯子就空了，这样再把蓝墨水倒入这个杯子，就完成了红、蓝墨水的置换。

小麦，在程序中，假设一开始 9 放在变量 A 中，8 放在变量 B 中，我是不是同样可以找一个空的变量 C，先把 9 放到变量 C 中，再把 8 放入变量 A 中，最后把 9 放入变量 B 中，从而实现 8 与 9 的位置调换呢？

对，你的思路很正确。只不过在这个程序中，所有数字一开始是放到列表中，因此我们也可以建立一个交换变量充当空杯子。格致猫，你现在有编程思路了吗？

有了，小麦。

首先建立一个列表“排序列表”用来储存准备实验的数列。通过随机数产生 10 个由 1 到 100 的随机数放到这个列表中，程序如图 25-2 所示。

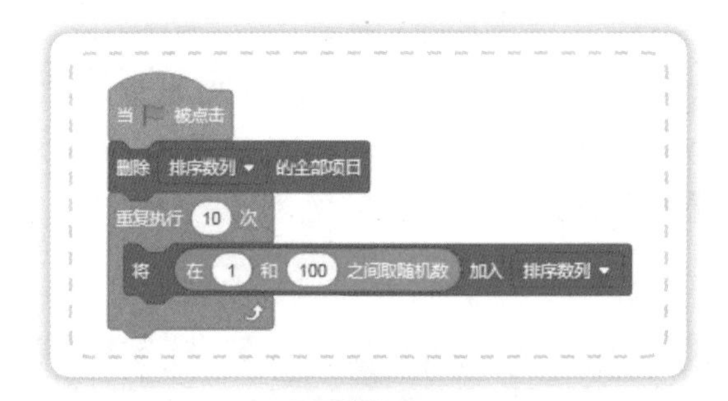

图 25-2

建立变量“轮次”代表要进行比较的轮次。

变量“指针”表示“排序列表”的第几项。变量“数据交换器”用来进行数据的交换，也就是“空杯子”。首先把变量“轮次”“指针”的初值分别设为 1，积木为 将 轮次 设为 1 、将 指针 设为 1 。因为循环轮次是数字总数减 1，数字总数等于列表的项目数，轮次循环是最外层循环，它的执行次数是数列项目数减 1，积木为 重复执行 (排序数列 的项目数) - 1 次 。内层循环是每轮中的比较次数，它与相应轮次之和等于数字总数也就是数列项目数，因此内层循环次数为数列项目数减轮次，积木为 重复执行 (排序数列 的项目数) - 轮次 次 。然后开始比较数列中相邻两项数值的大小，前一项用 排序数列 的第 指针 项 积木表示，后一项用 排序数列 的第 (指针 + 1) 项 积木表示。因为是在列表中，可以用数据替换进行数据的交换，积木组合为
将 数值交换器 设为 排序数列 的第 指针 项
将 排序数列 的第 指针 项替换为 排序数列 的第 (指针 + 1) 项
将 排序数列 的第 (指针 + 1) 项替换为 数值交换器
。数据交换的条件是 排序数列 的第 指针 项 > 排序数列 的第 (指针 + 1) 项 。内外两次循环过程中“指针”与“轮次”的值不断增加 1。

为了更清晰地看到排序前与排序后列表中内容的不同，排序环节我们选用“当按下‘空格’键”积木开始。把这些积木连接起来后就是排序的完整程序，如图 25-3 所示。经过验证，程序运行结果正确。

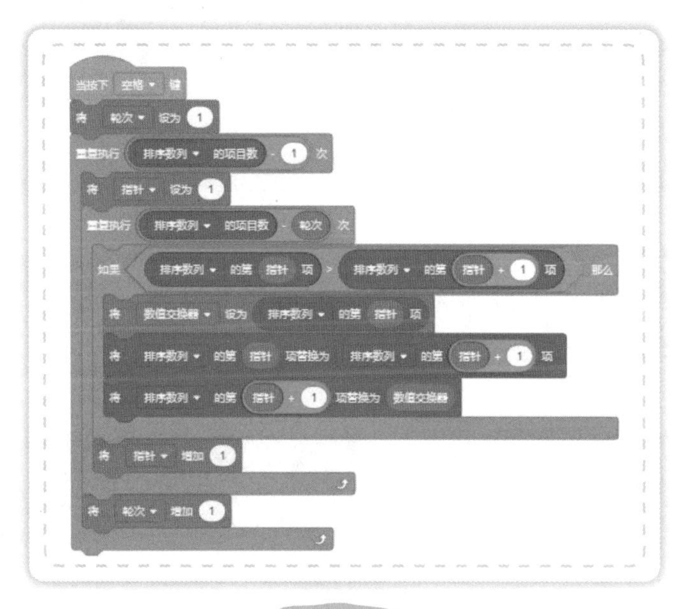

图 25-3

Perfect（完美），格致猫！又解决了一个难题。你一定要记住，很多算法来自于生活中的经验，我们需要做的是把这些生活中的经验提炼成程序语言，并准确地表达出来。

嗯，记好了！

我们通过生活中的实例及 Excel 表格学会了“冒泡排序法”的原理并用编程方法实现“冒泡排序法”。

第26节 桶排序

格致猫，我这里有5个乒乓球，上面有大小不同的数字，这些乒乓球无序地散落在桌子上。现在需要你把这些球按从小到大的顺序排列好，你会采用什么方法呢？

上次我们用了淘米法，不，是冒泡排序法，这次我要试试其他方法。

格致猫，假设这5个球上分别有8，4，9，2，7这几个数字。它们散落在桌子上，说说你的策略吧！

小麦，你看。我们可以用这5个数字分别标记这5个乒乓球，写着数字8的就叫8号球，写着数字4的就叫4号球。因此，这5个球分别为8号球、4号球、9号球、2号球、7号球。我现在假设桌子上有一个表格，上面分别写着1~10这10个数字，如果第一次拿了4号球，就把4号球放到标着4的格子中，以此类推，几号球就放到相应数字对应的格子中（见表26-1），这样其实就把它们的顺序排好了，再把空格子去掉就是正确的排序了。

表 26–1　表格与球号

表格序号	1	2	3	4	5	6	7	8	9	10
球号		②		④			⑦	⑧	⑨	

真不错啊，格致猫，你这是又想到了桶排序的方法啊！

是吗？小麦，这种方法是桶排序？可我没用桶啊！

把表格的格子换成带有数字编号的桶，这种方法不就变成桶排序了吗？

嘿嘿，小麦，又让我蒙上了。

格致猫，不是你蒙的，正如上次我们说的，生活中处处充满智慧，我们只需要用正确的方式把这些智慧展示出来。你的思路很清晰，现在把它转换成程序吧！

小麦，我觉得这个程序在思路上并不复杂。需要建立两个列表，一个用来存储随机产生的实验数据，另一个用来做“桶”。把实验数据中的数字按照它们的数字值分别找到“桶”列表中的相应序号并填充进去，填充完成后，忽略其中的空桶，把有数据的桶的序号列出来就可以了。但有一个需要注意的地方是首先得把实验数据列表中每个序号对应的数值读出来，用它作为“桶”列表的序号并把数据填进去。

具体来说，这个问题中，[实验数据 的第 (指针) 项] 积木是指实验数据列表中第“指针”项中所存储的数字。现在把这数字读出来用它作为“桶”列表的第几项的项数，也就是 [将 桶 的第 ( ) 项替换为 ( )] 积木中“第（ ）项”的空白部分，两块积木组合后为 [将 桶 的第 (实验数据 的第 (指针) 项) 项替换为 ( )]。“项替换为（ ）”加入积木 [实验数据 的第 (指针) 项]，积木组合为 [将 桶 的第 (实验数据 的第 (指针) 项) 项替换为 (实验数据 的第 (指针) 项)]。此时你是不是有点转晕了的感觉？

我拿一个具体的例子来说明一下！如图 26-1 所示，实验数据列表的第四项中的数字为 91。首先找到实验数据列表的第四项并把它存储的数字 91 读出来。然后用这个数字 91 找到“桶”列表的相应项数也就是第 91 项。再把实验数据列表中第四项中的内容“91”填入“桶”列表中的第 91 项。如果在这之前“桶”列表的第 91 项中有其他数据，那么此时就是把“桶”列表第 91 项的内容替换成实验数据列表中第四项的内容“91”。

对，格致猫，有了具体的例子就好理解多了。展示一下你的完整程序吧！

好的，小麦，请看图 26-2。

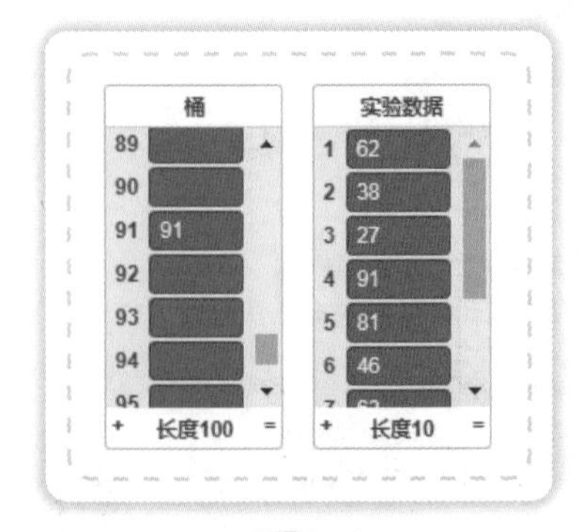

图 26-1

```
当 [绿旗] 被点击
删除 实验数据 的全部项目
删除 桶 的全部项目
重复执行 10 次
    将 在 1 和 100 之间取随机数 加入 实验数据
重复执行 100 次
    将 ( ) 加入 桶
将 指针 设为 1
重复执行 100 次
    将 桶 的第 (实验数据 的第 指针 项) 项替换为 (实验数据 的第 指针 项)
    将 指针 增加 1
将 指针 设为 1
将 结果 设为 ( )
重复执行 100 次
    如果 <(桶 的第 指针 项) = ( ) 不成立> 那么
        将 结果 设为 (连接 结果 和 (连接 (桶 的第 指针 项) 和 ,))
    将 指针 增加 1
说 结果
```

图 26-2

格致猫，这个  积木组合是什么意思呢？

哦，因为我们的实验数据是 100 以内的数，因此“桶”最少得有 100 个格子，也就是“桶”列表最少得有 100 项。重复 100 次是为了给列表建立 100 项，而把空白内容加入“桶”列表的每一项是为了不引入其他数字，这样实验数据列表的数字读入“桶”列表时就可以保证“桶”列表中只有实验数据列表的数字了。

图 26-3 所示这组积木是什么意思呢？

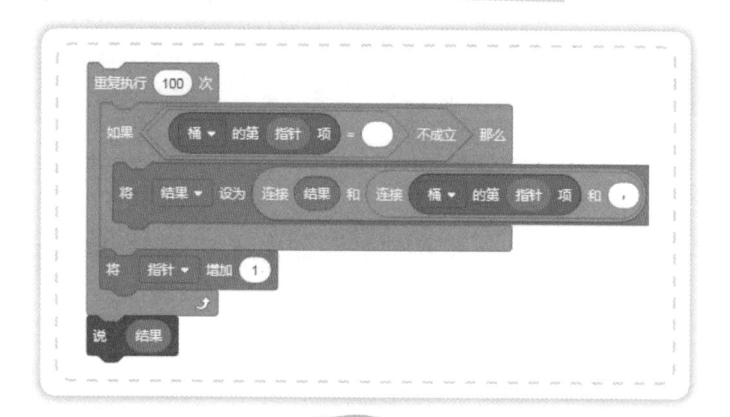

图 26-3

图 26-3 这组积木应该和积木组合  组合使用，组合后的程序如图 26-4 所示。这组积木的主要作用是建立一个变量“结果”并使它的初值为空，遍历“桶”列表，只要“桶”的格子中不是空的，就把其中的数字不断地迭代地赋值给变量“结果”。以图 26-5 这组实验数据为例，它的输出结果是 结果 3, 27, 38, 45, 46, 62, 63, 72, 81, 91, 。

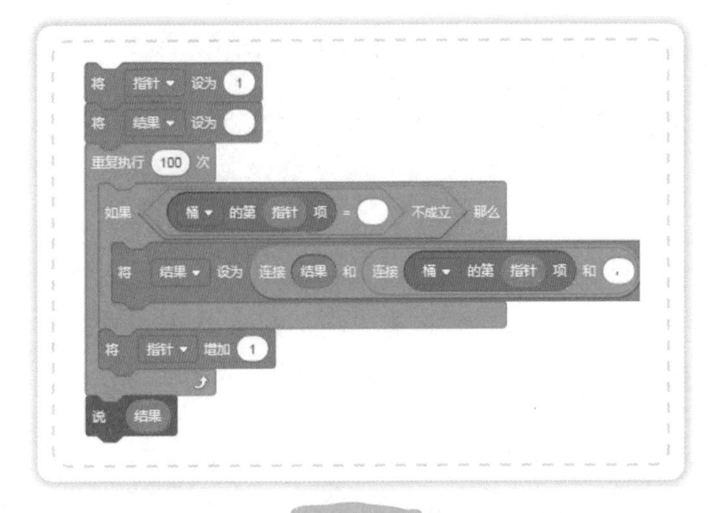

图 26-4

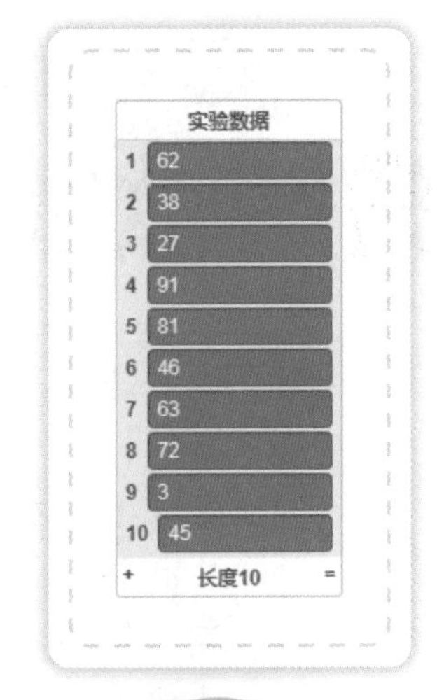

图 26-5

正确，格致猫，你的编程能力真是越来越强了！不过，格致猫，我还有一个疑问，就是在这个程序中是你设定了“桶”列表的最大值是100，其实这不是程序自己判断的，如何才能让程序自己判断出需要一个多少格子的“桶”列表呢？

小麦，你真是火眼金睛，这个小 bug（漏洞）都被你看出来了，不过今天我们编了这么长时间的程序应该休息休息了，下一次再研究好不好？

当然可以了！我们下次再研究，现在出去放松放松吧！

我们掌握了“桶排序”的原理，并能根据原理编写出“桶排序”的程序。

第27节 补充后的桶排序

格致猫，上次我们探讨的桶排序问题还有不完善的地方，你想到怎么修改了吗？

小麦，我思考了一下，上次是我们指定的“桶”列表的最大项目数而不是程序自己判断的问题。要想让程序自己判断出“桶”列表最多应该有多少个格子也就是它的最大项目数，就应该求出实验数据列表中所有数据的最大值。这个最大值就是“桶”列表的最大项目数。

你想通过什么方式找到最大值呢？

小麦，说到找最大值，我突然想到了一种动物。

什么动物和找最大值有关？

小麦，你还记得科学课上学过的变色龙吗？它能随着环境的变化而变颜色。因此，能不能找一个类似于变色龙的变量。它和实验数据中的每个数字都做比较，谁的值大它就变成谁，这样从头到尾，它的值不就是最大了吗？

你这个想法挺奇特，不过有道理，我们赶紧试一下吧！

我们先建立一个变量并命名为“最大值”，初值为“1”。同时把变量“指针”的值设为“1”，然后进入重复执行，因为有 10 个数字，所以重复执行 10 次。每次都让变量“最大值”与实验数据列表中的每一项数字做比较，如果这一项中的数字大于“最大值”中的数字，“最大值”就相应的变成该项的数字，就像变色龙变成与环境颜色类似体色一样，每比较完一次，变量“指针”增加 1（见图 27-1）。通过这个方法就能把最大值找到了。这样把程序的后半部分中相应的地方换成“最大值”就可以了，完整的程序如图 27-2 所示。

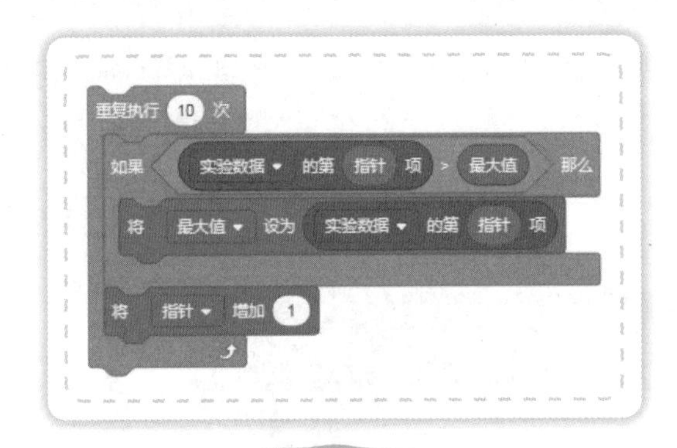

图 27-1

```
重复执行 最大值 次
    将 ( ) 加入 桶
将 指针 设为 1
重复执行 最大值 次
    将 桶 的第 实验数据 的第 指针 项 项替换为 实验数据 的第 指针 项
    将 指针 增加 1
将 指针 设为 1
重复执行 最大值 次
    如果 桶 的第 指针 项 = ( ) 不成立 那么
        将 桶 的第 指针 项 加入 排序后数列
    将 指针 增加 1
```

图 27-2

对，这样修改后程序就更智能了！格致猫，这个程序还有一个小小的不足之处，就是最后输出结果时显示的是 结果 3, 27, 38, 45, 46, 62, 63, 72, 81, 91, ，最后一个数后面带了逗号。而一般我们的习惯是最后一个数后不带标点。

噢，的确是有点儿小问题。我忽略了这个问题。让我想一想应该怎样解决。

格致猫思考了一会儿并在计算机上进行了实验。

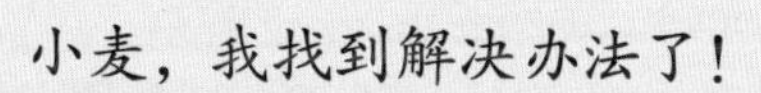

这么快就找到了，赶快说说吧！

小麦，我们可以再建一个列表并命名为“排序后数列”用来存储“桶”列表中的有效数字，也就是去掉空白格子后的数据。方法和上次说的结果类似，只不过是把数据输出的目的地变成新建的列表“排序后数列”（见图 27-3）。此时将“指针”的值设为 1，“结果”的值设为空，积木组合为 将 指针 设为 1 / 将 结果 设为 （空），再重复执行“排序后数列”项目数次，每次都将“结果”的值设为连接“结果”和“排序后数列”的第“指针”项，积木为 将 结果 设为 连接 结果 和 排序后数列 的第 指针 项。为了避免最后一项后面也带标点，我们可以用 如果 指针 < 排序后数列 的项目数 那么 / 将 结果 设为 连接 结果 和 , / 将 指针 增加 1 积木组合。此功能的完整积木组合如图 27-4 所示。

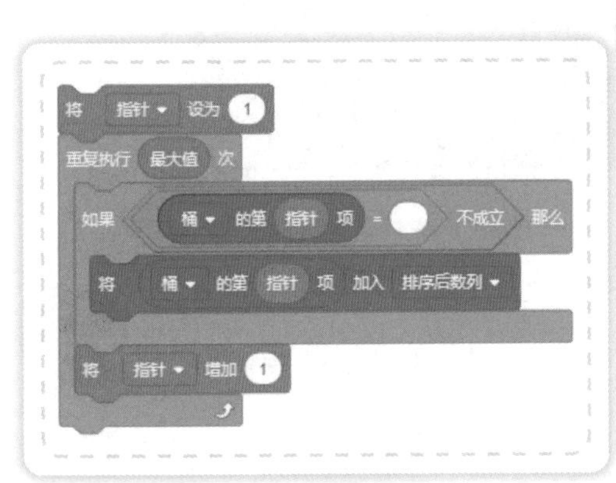

图 27-3

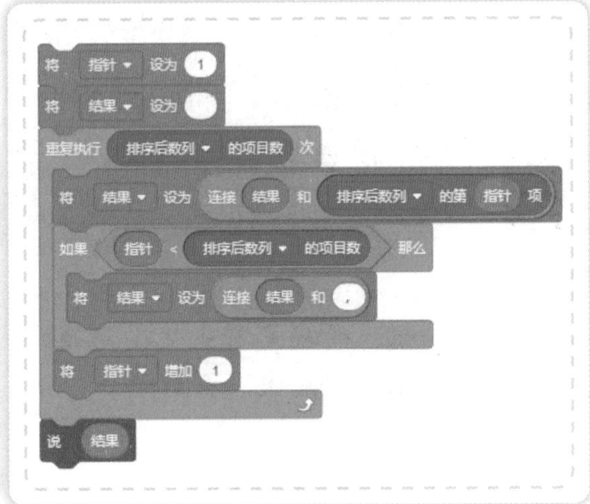

图 27-4

这个地方可能不太容易理解，我们以一个有 5 个数据的列表（见图 27-5）来看一下。在这个列表中项目数为 5，因此应该重复执行 5 次。首先看指针为 1 时，运行积木 将 结果 设为 连接 结果 和 排序后数列 的第 指针 项 后的结果为“4”，然后运行积木组合

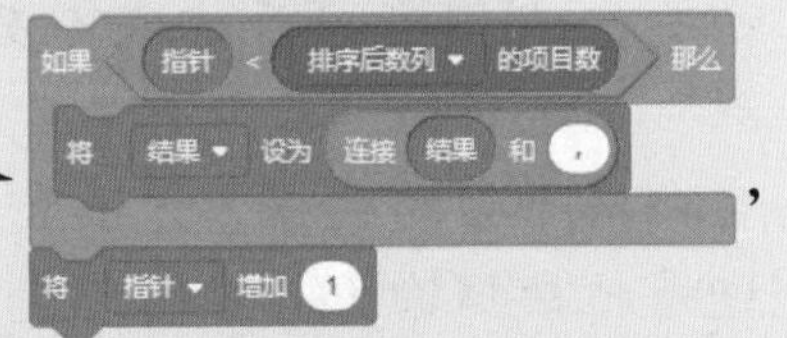

，因为此时指针小于项目数，所以结果就变为“4,”。以此类推，当指针分别为 2，3，4 时，因为它们都小于项目数，所以运行结果分别为“4，53,”；“4，53，59,”；“4，53，59，91,”，而指针变为 5 后，运行完积木 将 结果 设为 连接 结果 和 排序后数列 的第 指针 项 后，结果为“4，53，59，91，96”。此时因为指针等于项目数，所以不会运行积木组合

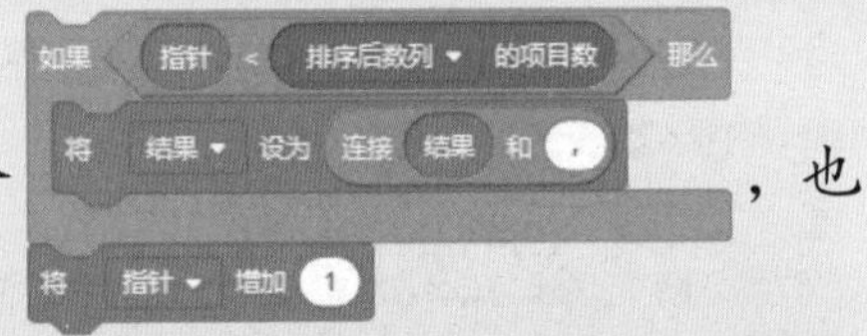

，也就不能在“96”后面加上逗号了。这样就保证了输出结果的最后一位不带标点。运行结果如图 27-6 所示。

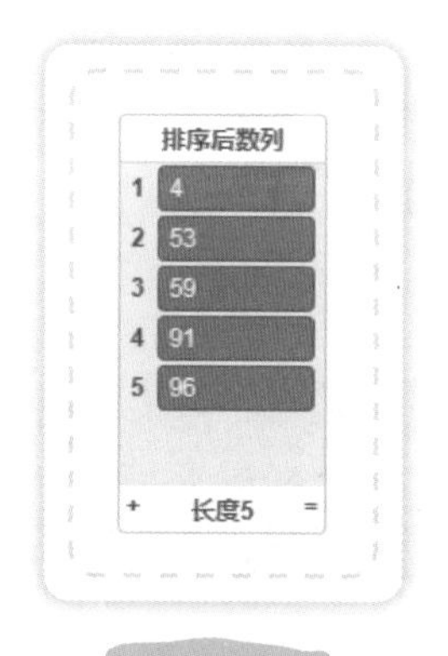

图 27-5

图 27-6

格致猫，今天你用变色龙的例子来描述“最大值”太形象了，并且通过模拟程序运行的方法展示程序的运行机制为我们真正理解程序的工作原理提供了一种特别有效的方法。以后我们遇到比较难理解的程序时都可以尝试用这种方法来观察程序究竟是如何运行的，从而找到程序中存在的问题，更好地优化程序。给你点个赞！

谢谢夸奖！

格致猫不好意思地笑了。

我们学会了如何求一组数的最大值，并能规范输出结果。

第28节 二分排序

格致猫，我在纸上写一个 100 以内的任意数字，你最少猜几次能把这个数猜到？

嘿嘿，这个问题难不倒我。我前几天思考过这个问题。

是吗？你是怎么想到这个问题的？

前几天，我与邻居家的小弟弟做了一个猜数字的游戏，一开始他特别喜欢，但他猜的时候没认真思考，想到什么就说什么。最初我给他设定的数字范围比较小，他还能蒙对，后来我把数字范围增大，他基本就猜不对了。总猜不对，他的兴趣也就没有了。那时我就在思考这个游戏是否有窍门。

格致猫，你真是个有心人啊！快说一说你的窍门。

小麦，你看。假设给定的数字是 63，给定的范围是 1 ~ 100。我首先要猜 50。这时你如果说小了，那小于 50 的数我就不考虑了。随后我会说 50 ~ 100 中间的数，也就是（100−50）÷ 2+50 = 75。这时如果你说大了，我就猜 62 [（75−50）÷ 2+50 结果取整为 62]。如果你说小了，我就猜 87 [（100−75）÷ 2+75 结果取整为 87]。因为给定的数字是 63，所以刚才你应该是说大了，我猜 62。这时你会说小了，那我就猜 68 [（75−62）÷ 2+62 结果取整为 68]。

这时你会说大了，那我就猜（68−62）÷2+62 = 65。这时你还会说大了，那我就猜 63［（65−62）÷2+62 结果取整为 63］。与你给定的数一致，就猜对了。

我实验过好多次，这样猜所用的次数最少。而且我还查到这种方法有一个专业的叫法——二分排序。嘿嘿，小麦，怎么样？这次我的功课做得是不是很充分？

行啊，格致猫，真是士别三日，当刮目相待啊！不用我说你也一定用编程的方法验证了，快说说你的编程思路吧！

这个程序中，首先也是通过询问语句获得首、尾两个数字，程序如图 28-1 所示。被猜数字可以是随机数，积木组合为 将 被猜数字 设为 在 首数字 和 尾数字 之间取随机数 ，也可以是指定的数字，积木组合为 询问 请输入你指定数字 并等待 将 被猜数字 设为 回答 。

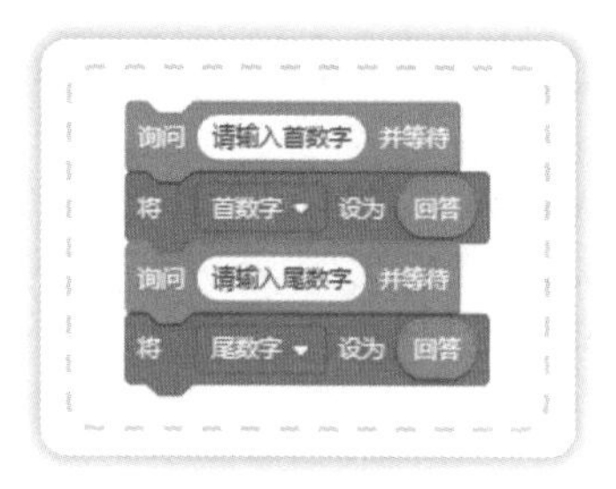

图 28-1

将变量“次数”赋初值为“1”。此时需要建立一个变量“中位数”用来表示首、尾两数的中间数字，它的值等于尾数字减首数字的差除以二再加上首数字，积木组合为 将 中位数 设为 向下取整 （（尾数字 - 首数字）/ 2）+ 首数字 ，其中为了避免出现小数，选用向下取整的策略。

以 1 到 10 为例，它的中位数为（10−1）÷2+1=4.5+1，由于 4.5 向下取整，所以这时中位数为 4+1=5。因为要不断迭代判断，所以要进入循环，循环终止的条件为“首数字＞尾数字”，积木为 

。在猜的过程中，猜数字者根据提示不断地说出中位数，中位数与被猜数字之间有三种可能：一是中位数正好等于被猜数字，遇到这种情况说出猜测次数，结束程序；二是中位数小于被猜数字，遇到这种情况比中位数小的数一定不满足条件，这样就不用再猜那一部分，此时的猜测范围变为中位数到尾数字，因为中位数也小于被猜数字，这个中位数也被排除掉了，这样首数字就变成了中位数加 1，积木为 将 首数字 设为 中位数 + 1，尾数字不变；三是中位数大于被猜数字，遇到这种情况比中位数大的数和中位数都不满足条件，此时得调整尾数字的位置，尾数字应该变为比中位数小 1 的数字，积木为 将 尾数字 设为 中位数 - 1。这样不断迭代直到中位数等于被猜数字为止，此时中位数就是我们要猜的数字。完整的程序如图 28-2 所示。

的确，有了策略后我们解决问题的效率会大大提高，而且增加了我们解决问题的信心。格致猫，你赶紧把这个方法告诉邻居家的小弟弟吧，让他也体验一下思考的乐趣！

```
当 ⚑ 被点击
询问 (请输入首数字) 并等待
将 [首数字 ▾] 设为 (回答)
询问 (请输入尾数字) 并等待
将 [尾数字 ▾] 设为 (回答)
将 [被猜数字 ▾] 设为 (在 (首数字) 和 (尾数字) 之间取随机数)
将 [次数 ▾] 设为 (1)
重复执行直到 <(首数字) > (尾数字)>
    将 [中位数 ▾] 设为 ([向下取整 ▾] ((((尾数字) - (首数字)) / (2)) + (首数字)))
    如果 <(被猜数字) = (中位数)> 那么
        说 (连接 (用) 和 (连接 (次数) 和 (次猜中！)))
        停止 [这个脚本 ▾]
    否则
        如果 <(中位数) < (被猜数字)> 那么
            将 [首数字 ▾] 设为 ((中位数) + (1))
        否则
            将 [尾数字 ▾] 设为 ((中位数) - (1))
    将 [次数 ▾] 增加 (1)
```

图 28-2

好嘞，我这就去！

成长日记

我们学会了“二分排序”的原理，并能利用该原理编写程序进行验证。

第29节 寻找水仙花数

格致猫，给你出一个谜语猜猜：根茎叶子像青蒜，亭亭玉立水中站，头顶白花一仙子，浓浓香气满屋子——打一花卉。

小麦，上次刚玩完猜数字的游戏，这次又开始猜谜语了。不过还真难不住我。你看这个谜语中有几个关键字：蒜、水中、仙子。由这几个关键字我就可以猜到这种花卉应该是水仙。怎么样，小麦，我猜对了吗？

不错，猜对了。格致猫，我发现自从你喜欢上编程后，思维越来越敏捷了。不过你知道它为什么叫水仙吗？

为什么叫水仙？这我还真不知道。小麦，快给我科普一下吧！

水仙大约在唐末或是五代时期由波斯人首先传入湖北荆州一带。而湖北正是爱国诗人屈原的故乡，当地百姓尊称屈原为水仙。屈原行吟泽畔的形象与希腊神话中生活在水边的“神灵”纳西塞斯（Narcissus）颇有几分神似，当时传来水仙的波斯人入乡随俗，遂以“水仙”这一楚国故里对屈原的尊称来替代“Narcissus”。

哇，原来水仙花还和屈原有关啊！今天我又长知识了。

格致猫，在数学上还有一些奇特的数字被称为水仙花数。

什么？水仙花数？哪些数是水仙花数？它们有什么特征？

水仙花数是指一个 3 位数，它的每个数位上的数字的 3 次幂之和等于它本身。

3 次幂？

哦，3 次幂也被称为 3 次方。就是一个数乘以自己再乘以自己。还是举个例子吧！2 的三次方等于 2×2×2=8；3 的三次方等于 3×3×3=27。153 就是一个水仙花数，我们可以验证一下：1×1×1+5×5×5+3×3×3=1+125+27=153。

太神奇了，还有哪些数是水仙花数呢？

要想知道还有哪些数是水仙花数得你自己动手啦！格致猫，你编一个程序看看还有哪些数是水仙花数？

哈哈，小麦，又出题考验我啊！放心，这可难不倒我，我这就好好思考一下！

几分钟后，格致猫来找小麦。

小麦，我想出来了！

这么快就想出来了？快说一说吧！

判断一个数是不是水仙花数，对于编写程序而言，其实就是要把这个数各数位上的数找出来。举个例子，254，我们一眼就能分辨出百位是 2，十位是 5，个位是 4，然后我们判断 2×2×2+5×5×5+4×4×4 是不是等于 254。

但是对计算机而言，计算机必须通过一定的程序分析才能判断出谁在百位，谁在十位，谁在个位，因此我们只要编程解决这个问题，判断哪些数是水仙花数的问题也就迎刃而解了。

很有道理，继续说一说怎么用程序把数位上的数分解出来呢？

还是以 254 这个数为例。你看一下，如果用这个数除以 100，结果是不是为 2.54？这时我向下取整是不是就得到 2 这个整数了？这个 2 是不是就是百位上的数？

对的。格致猫，我也可以举个例子：416÷100=4.16。4.16 向下取整的 4，4 就是百位上的数。那十位上的数怎么得到呢？

别着急，我们继续往下看。还是 254 这个数，它除以 100 的余数是几？

254 除 100 应该是商 2 余 54。

余数为 54，你想到了什么？

格致猫，你现在开始考我了啊！这可难不倒我。我们可以还用刚才的方法，只不过不去除 100，而是除以 10，然后向下取整就能得到十位上的数了。54÷10=5.4，5.4 向下取整得 5，5 就是十位上的数。我们也可以再验证一下 416 这个数。416 除 100 商 4 余 16，16÷10=1.6，1.6 向下取整得 1，1 就是十位上的数。

格致猫，其实怎么得到个位上的数我也想到了，不过不能光我说啊，这个机会让给你，你说一说怎么得到个位上的数！

好的，小麦。还是以 254 为例，让 254 除以 10，取余数即可。254 除以 10 应该商 25 余 4，这个 4 是不是就是个位上的数？再看 416，416 除以 10 商 41 余 6，这个 6 不也是个位上的数吗？

格致猫，我们现在已经学会了怎么取数位上的数，该开始编程了，把你刚才是怎么思考的说一说吧！

小麦，因为水仙花数是 3 位数，所以首先得把所有的三位数都试一遍，也就是从 100 试到 999。首先把变量“三位数”的初值设为 100，积木为 [将 三位数 设为 100]，再用“重复执行直到”积木重复执行，每次重复，三位数增加 1，直到三位数大于 999，程序如图 29-1 所示。我们用 [将 百位 设为 向下取整 三位数 / 100] 积木获得百位上的数，用 [将 十位 设为 向下取整 三位数 除以 100 的余数 / 10] 积木获得十位上的数，用 [将 个位 设为 三位数 除以 10 的余数] 积木获得个位上的数。用图 29-2 所示积木组合获得各数位上数的三次方。

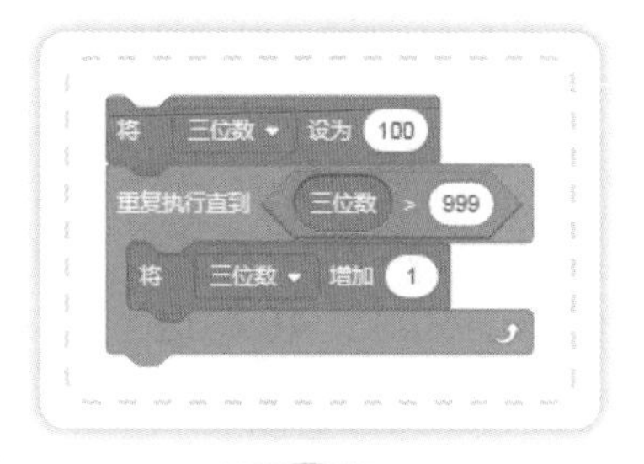

图 29-1

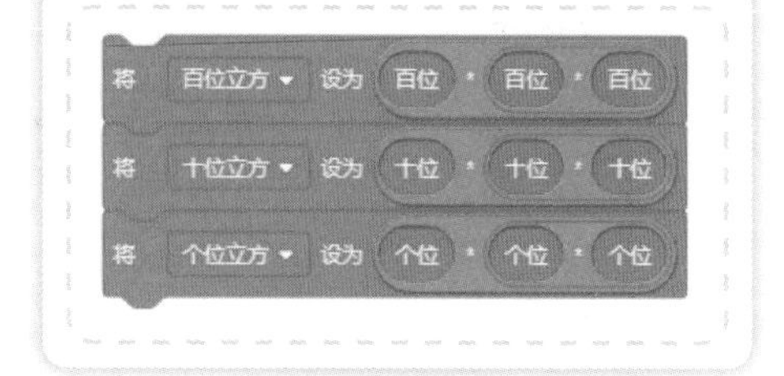

图 29-2

再用 如果 百位立方 + 十位立方 + 个位立方 = 三位数 那么 将 三位数 加入 水仙花数 积木组合判断三位数是否是水仙花数，如果是就加入“水仙花数”列表中，一定要记住每次程序运行时都把“水仙花数”列表中原有的数值全部删除。完整的程序如图 29-3 所示。

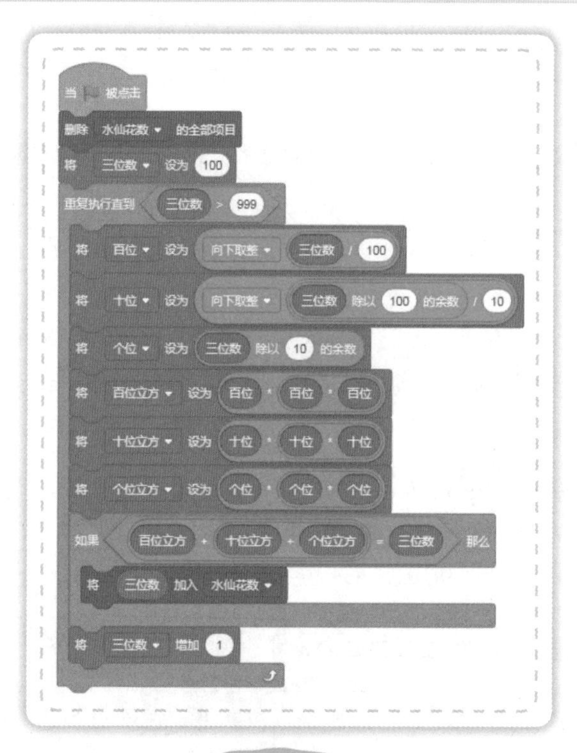

图 29-3

格致猫，赶紧让程序运行看看都有哪些数是水仙花数吧！

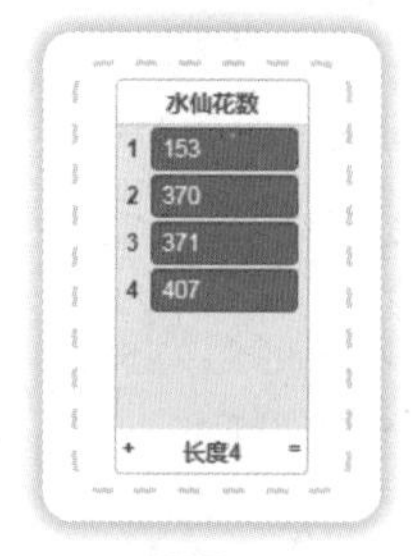

图 29-4

好嘞！小麦你看，原来 153，370，371，407 这四个数是水仙花数（见图 29-4）。

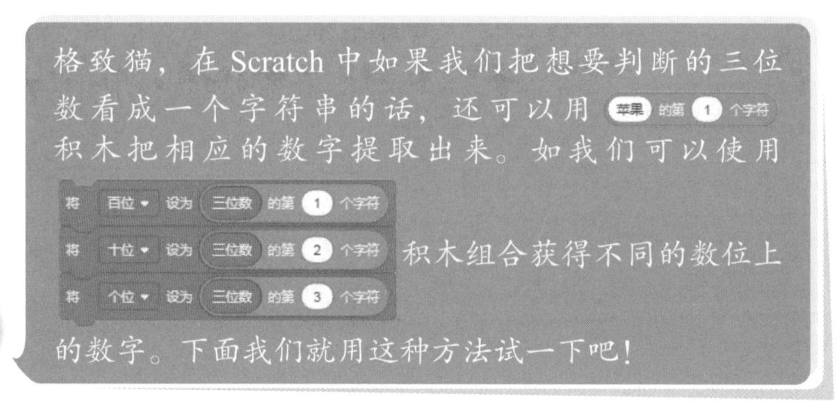

完整的程序如图 29-5 所示。

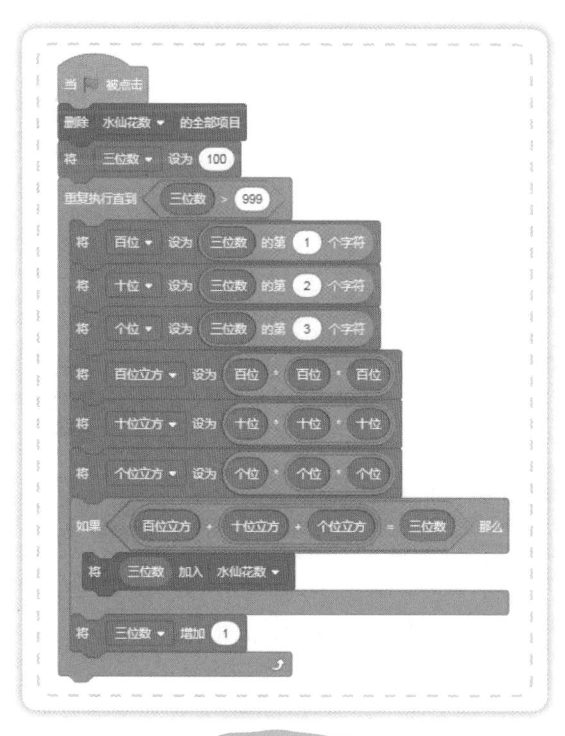

图 29-5

对，小麦。解决问题可以采用多种方法。但不管采用哪种方法都要记住“一定要透过现象看本质”，找到了问题的实质，就找到了解决问题的关键。

我们知道了什么是“水仙花数”，并能用取余、向下取整的方法取出任意三位数的各数位上的数值。

第30节 十进制转二进制

一年有12个月，一周有7天，一天有24小时，一小时是60分钟，半斤八两，屈指可数，太极图……格致猫，你觉得这些都和什么有关？

好像是和进制有关吧！12，7，24，60这些都是和时间有关的进制。半斤八两，这是我国古代称量用的十六进制。屈指可数和我们的手指有关，这是十进制。太极图应该是和计算机有关，是二进制。

行啊，格致猫，知识面很广啊！

嘿嘿，我平时特别喜欢看科普类的图书，这都是从书上学到的！

那你能解释一下计算机为什么采用二进制吗？

小case（意思）。因为计算机是一种电子计算工具，由大量的电子器件组成。在这些电子器件中，电路的通和断、电位的高和低，用两个数字符号“1”和“0”表示更容易实现。再加上二进制的运算法则也很简单，进位规则是“逢二进一”，借位规则是“借一当二”。因此，计算机内部通常用二进制代码作为内部存储、传输和处理数据。

格致猫，也就是说我们输入的是十进制的数，计算机要转换成二进制才能进行计算吧？那我们能设计一个把十进制转换成二进制的程序吗？

可以，十进制转二进制的方法是“除二取余，逆序排列”。举个例子，就拿数字 6 来说，6÷2=3……0，3÷2=1……1，1÷2=0……1，它们的余数分别为“0，1，1”，逆序排列后为“1，1，0”，所以 6 的二进制就为 110。

格致猫，你能说一说为什么用“除二取余，逆序排列”的方法吗？

可以，但考虑到二进制是“逢二进一”，可能与我们的理解习惯不一样。我就以十进制大体说一下吧！以 256 为例，它可以写成 256=2×100+5×10+6，说明 256 是由 2 个 100、5 个 10、6 个 1 组成的。用 256 除以 10 时，256÷10=25……6，商是 25，余数为 6，即个位上为 6。商为 25，再除以 10，25÷10=2……5，此时商为 2，余数为 5，即十位上为 5、商为 2，再除以 10，2÷10=0……2，商为 0，余数为 2，即百位上为 2。它们的余数分别为“6，5，2”，逆序排列后为“2，5，6”，正好是十进制的数字 256。二进制也是同样的道理，只不过是相应的数位上的数用 1 和 0 来表示。

嗯，还是用十进制比较好理解。那下一步该怎样编写程序呢？

小麦，别着急，在编写程序之前我们还是先把这个问题的本质弄明白吧！既然十进制转二进制是“除二取余，逆序排列”，那得先搞清楚都是哪些数除以 2？

最初是我们给定的那个十进制数除以 2，第二次是它除以 2 后的商再除以 2，以后都是除以 2 后的商作为被除数去除以 2，直到被除数是 0 为止。

由此可见，我们应该建立一个变量为“数字”，它的值来源于侦测语句获取的值，积木组合为 询问 请输入一个数 并等待 / 将 数字 设为 回答。用 

积木得到它除以 2 后的商，除了第一次以外，以后都是用商作为被除数，所以应该把“商”的值赋给“数字”，积木为 将 数字 设为 商。被除数的问题解决了，那余数该怎么处理呢？

我们可以建立一个列表把所有的余数都存储起来，积木组合为 将 余数 设为 数字 除以 2 的余数 / 将 余数 加入 余数数列，但要记住，每次执行程序前一定要利用 删除 余数数列 的全部项目 积木把列表中之前程序运行的数据清除干净。

对，最后就是如何逆序排列输出的问题了。其实说到逆序输出，我们在桶排序时就接触过，当时使用了一个技巧，小麦你还记得吗？

当然记得了，我们先把变量指针的初始值设为列表的项目数，然后通过不断让指针增加“-1”的方法实现逆序输出。

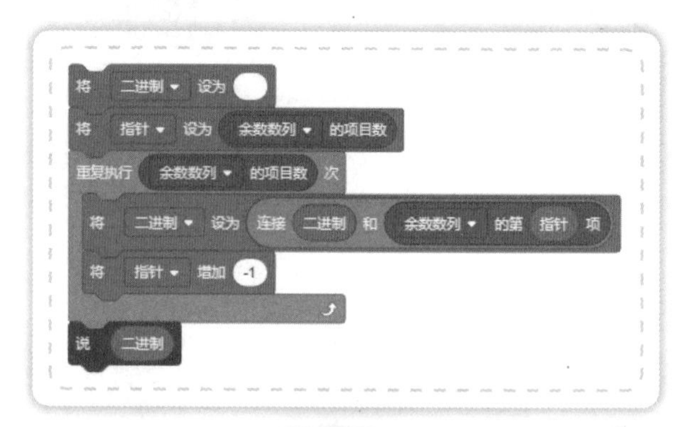

图 30-1

程序如图 30-1 所示。

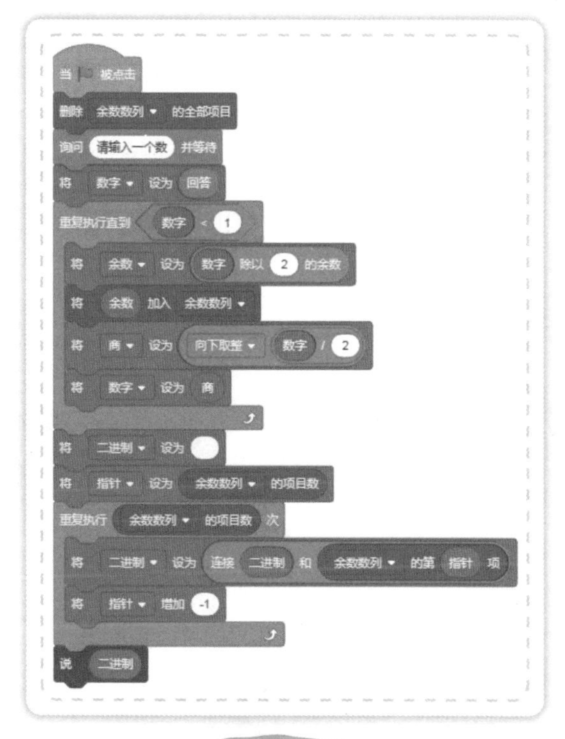

图 30-2

对，我们得活学活用，并学会把已经掌握的知识和能力运用到解决新问题上来。这样获得的完整程序就应该如图 30-2 所示。

我们输入一个十进制数试一试。输入 9，看一看 9 转换成二进制后是多少？格致猫，快看，9 转换为二进制后是 1001（见图 30-3）。

图 30-3

小麦，现在我们学会了十进制转二进制，那反过来，二进制如何转十进制呢？我们下次再研究吧！

OK！

成长日记

我们学会了十进制转二进制的原理，并能用取余、向下取整、逆序排列的方法进行数制转换。

第31节 二进制转十进制

小麦，上次我们已经研究了十进制转二进制的方法，今天再研究一下二进制如何转十进制吧！

好的，格致猫。上次我们研究完后我就一直在思考这个问题。

小麦，说一说你是怎么想的。

格致猫，我查阅了一下资料，说早期人类其实也用过二进制。如科学家发现在大洋洲的一些原始的土著人部落中，他们只认识2个数字，1和2，因此他们只能采用类似于二进制的方法进行计数。只不过我们现在已经习惯使用十进制了，因此觉得二进制的思维怪怪的。不过我们可以借助十进制来理解二进制。例如，十进制的数位上分别是个位、十位、百位……，仔细想想，个位是不是就是1的倍数？十位是不是就是10的倍数？百位是不是就是10×10的倍数？千位就是10×10×10的倍数？以1257为例，它是不是就是1×(10×10×10)+2×(10×10)+5×(10)+7？

在识别水仙花数时，我们也知道了一个数乘以它本身叫做这个数的平方，再一次乘以它本身叫做这个数的三次方，继续乘以它本身分别叫做四次方、五次方、六次方……因此10×10×10叫做10的三次方，可以写作10^3。10×10是10的平方，可以写作10^2。10本身可以叫做10的一次方，写作10^1。因此，1257就可以写作$1257=1\times10^3+2\times10^2+5\times10^1+7\times1$。

二进制也是相同的道理，只不过是把数位上的十进制换成了二进制。以 1001 为例，它可以写成 $1001=1\times2^3+0\times2^2+0\times2^1+1\times1=1\times(2\times2\times2)+0\times(2\times2)+0\times(2)+1\times1=8+0+0+1=9$。通过这样的方式是不是就容易理解二进制了？

是的，小麦。通过对比十进制去理解二进制的确觉得简单了许多。而且我还发现了一个规律。

什么规律？

小麦，你看。十进制数字 1257 一共由 4 个数字组成。左边第 1 个数位也就是最高位，是数位上的数字乘以 10^3，三次方的“3”是这数字的长度减 1，即 3=4−1。第 2 位是数位上的数字乘以 10^2。我们会发现“10”的几次方依次递减。最后一位是数位上的数字乘以 1。二进制数字 1001 也符合这个规律。1001 也是由 4 个数字组成。左边第 1 位也就是它的最高位，是数位上的数字乘以 2^3，这个“3”也是这个数字的长度减 1，即 3=4−1。第 2 位是数位上的数字乘以 2^2。“2”的几次方同样是依次递减。最后一位也是数位上的数字乘以 1。

格致猫，根据这些规律你是不是找到编程的方法了？

嗯，小麦。我们首先要通过询问语句获取想要转换的二进制数字，并把它赋值给变量“二进制”，积木组合为 询问 请输入一个二进制数字 并等待 / 将 二进制 设为 回答 。紧接着利用 苹果 的字符数 积木获取输入二进制数字所含字符的数量。例如，1001 的字符数 积木就是获取二进制数字 1001 中的字符数，它的结果应该是“4”。

利用 将 指针 设为 二进制 的字符数 积木把获得的二进制字符数赋值给变量“指针”，从而可以利用“指针”数值的变化找到“二进制”中包含的所有数字。建立变量“十进制”并赋初值为“0”，积木为 将 十进制 设为 0 。建立变量“2的几次方”并赋初值为“1”，积木为 将 2的几次方 设为 1 。建立变量“数位”用以记录每个数位上的值，它的大小等于2的几次方乘以相应数位上的数字，积木组合为 将 数位 设为 2的几次方 * 二进制 的第 指针 个字符 。此时利用循环语句 重复执行 指针 次 积木把二进制中所有数位上的数都找到并转换为十进制（见图31-1）。

格致猫，稍等一下，这里你能不能用具体的例子说明一下？

可以，小麦。这其实是程序的核心部分，利用图31-2所示程序，我们就可以完成二进制转十进制了。

图 31-1

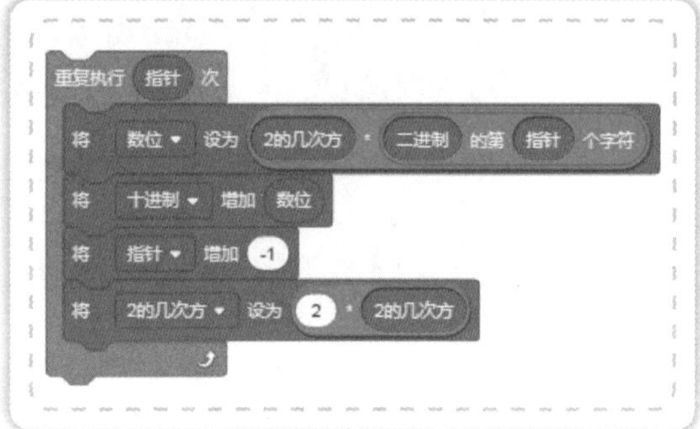

图 31-2

我还是以 1001 为例进行一下详细说明。当输入 1001 这个二进制数字后，利用 二进制 的字符数 积木可以获得这个二进制数字含有 4 个字符，利用 将 指针 ▾ 设为 二进制 的字符数 积木，把二进制的字符数的值赋给变量“指针”后，“指针”的数值为“4”。由 将 十进制 ▾ 设为 0 将 2的几次方 ▾ 设为 1 积木组合知道“十进制”的初值为“0”，“2 的几次方”的初值为“1”。现在进入循环，循环执行 4 次。以第一次循环为例，此时“指针”的值为“4”，所以 二进制 的第 指针 个字符 积木所指的字符为“二进制”的第 4 个字符也就是“1”。根据 将 数位 ▾ 设为 2的几次方 * 二进制 的第 指针 个字符 积木组合知道此时数位的值为 1×1=1。经过 将 十进制 ▾ 增加 数位 积木后，“十进制”的值为“0+1=1”。经过 将 指针 ▾ 增加 -1 积木后，“指针”的值变为“4−1=3”。经过 将 2的几次方 ▾ 设为 2 * 2的几次方 积木组合后，“2 的几次方”的值变为“2×1=2”。至此第一轮循环结束，进入第二轮循环，第二轮循环结束后，“数位”的值为“2×0=0”，“十进制”的值为“0+1=1”，“指针”的值为“3−1=2”，“2 的几次方”的值为“2×2=4”。第三轮循环结束后，“数位”的值为“4×0=0”，“十进制”的值为“0+1=1”，“指针”的值为“2−1=1”，“2 的几次方”的值为“4×2=8”。第四轮循环结束后，“数位”的值为“8×1=8”，“十进制”的值为“1+8=9”，“指针”的值为“1−1=0”，“2 的几次方”的值为“8×2=16”。至此循环结束。用 说 连接 二进制 和 连接 = 和 十进制 积木组合输出运行结果（见图 31-3）。

图 31-3

完整的程序如图 31-4 所示。

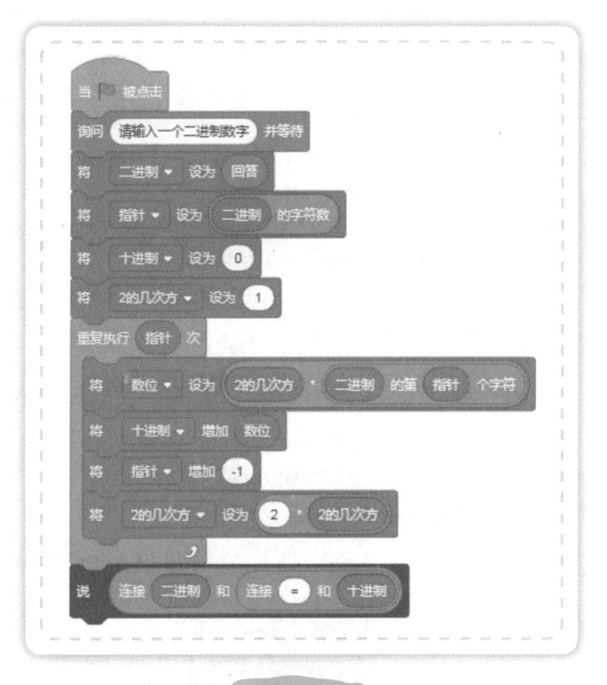

图 31-4

格致猫，经过探索，我们终于明白了计算机是如何进行数值转换的了。

对，虽然开始时觉得有一点儿难，但是把转换原理想明白就会发现其实并没有想象得那么难。

我们学会了二进制转十进制的原理，能用字符串的字符数、累乘法实现数制转换。

第32节 抛硬币的秘密

小麦，今天在数学课上，老师带领我们玩了抛硬币的游戏。

哦，抛硬币啊，我看到在体育比赛中经常用抛硬币来决定哪一方先开始。你在课堂上有什么收获吗？

由于课堂上时间有限，我只抛了30次。我统计的结果是正面12次，反面18次。按道理说正面和反面的概率应该是差不多才对啊！

格致猫，在抛硬币的过程中概率出现偏差的一个重要原因是我们测试的次数偏少，当次数足够多时，正面和反面的概率就基本相等了。

次数偏少，的确应该是这种原因。可是课堂上老师不可能拿出大量的时间让我们去抛硬币。课下虽然有时间，但毕竟抛来抛去还是比较单调的，有什么好办法可以解决这个问题呢？

我们可以通过编程的方式来模拟抛硬币。计算机的运行速度快，在很短的时间内就能完成大量测试。

对，这是一个好办法。说干就干，我们现在就开始吧！

格致猫，磨刀不误砍柴工。我们先把编程的思路理顺一下再开始编程吧！

对，对。得先把思路厘清。我想想，正、反两面……唉？小麦，你看这种情况我们是不是可以借鉴一下二进制，用“0”和“1”来表示？

当然可以了。

小麦，我们可以利用 在 0 和 1 之间取随机数 积木使0和1这两个数随机产生并赋给变量“抛硬币”，积木为 将 抛硬币 设为 在 0 和 1 之间取随机数 。再建立两个变量“正面”和“反面”，并分别赋初值为“0”。这是用判断语句“如果……那么……否则”进行判断，如果“抛硬币”的值为“1”就让“正面”增加“1”，否则就让“反面”增加“1”（见图32-1）。这应该是程序的主体部分，但是让抛硬币重复执行多少次呢？

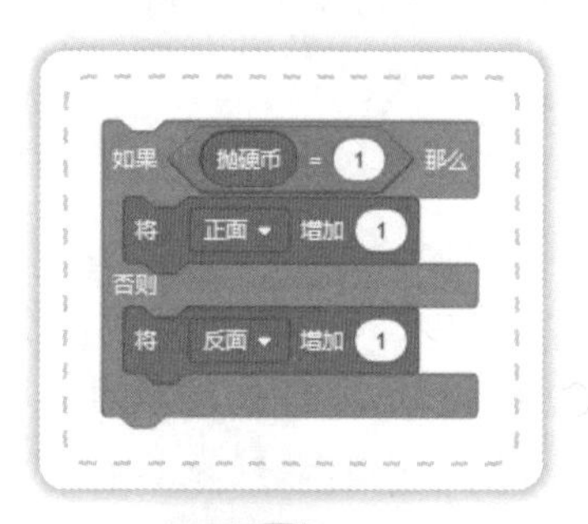

图 32-1

这就需要询问语句和循环语句配合使用来完成了，积木组合为

。几块积木组合后如图32-2所示，这样就能完成指定次数的抛硬币了。再通过计算积木组合（见图32-3），就可以把抛出正面还是反面的概率计算出来。各个功能模块组合后如图32-4所示。

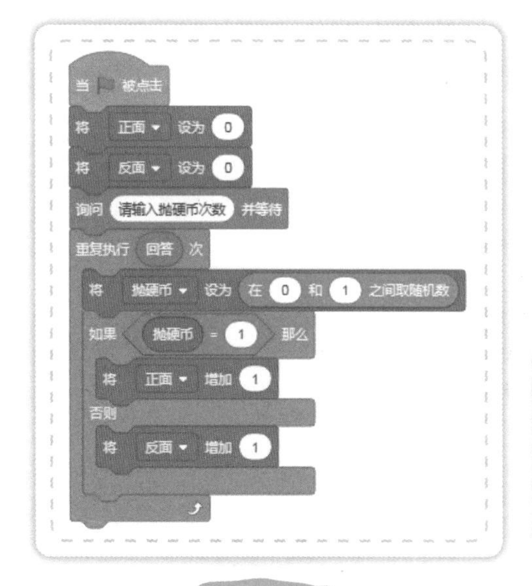

图 32-2

图 32-3

图 32-4

小麦，我们实验一下看一看能不能达到预期的效果吧！

好的，我们分别输入 10 次、30 次、100 次、1000 次、10000 次做一下对照，看一看是否符合概率规律。

好，请看结果（见图 32-5）。小麦，你看真的是随着抛硬币次数的增加，抛出正面和反面的概率越接近呢！

输入 10 次结果

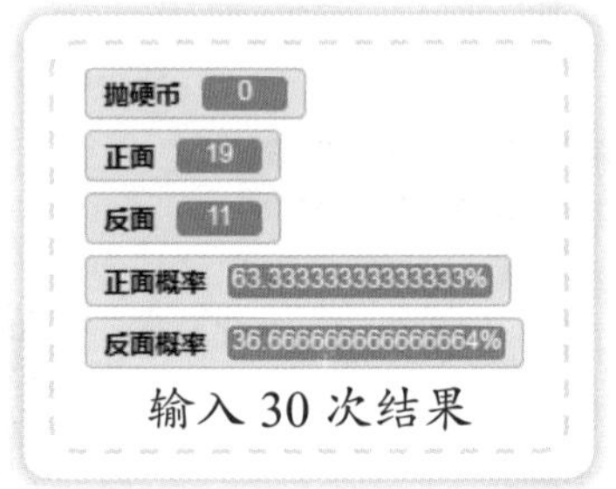

输入 30 次结果

输入 100 次结果

输入 1000 次结果

输入 10000 次结果

图 32-5

怎么样？格致猫，编程还能帮我们解决实际问题，赶紧把我们编的程序推荐给数学老师吧！

对，一定要推荐给数学老师，让同学们都实验一下！

成长日记

我们学会了抛硬币所蕴含的概率的基本知识，并能通过编写程序进行验证。

第33节 数“7”游戏

13、过、15、16、过、18……

格致猫，你在嘟囔什么呢？怎么一会儿数数一会儿“过”的？

噢，我在练反应速度呢！今天体育课老师带我们做数“7”游戏，可好玩了！

什么数“7”游戏？怎么个玩法？

就是全班同学围成一个圈报数，但是到7的倍数或包含7的数时不能报数要说“过”，如果说了7的倍数或包含7的数就要表演节目。

这个游戏真有挑战性，不仅可以考验数到7的倍数或包含7的同学，对他的下一位同学也同样具有挑战性。

小麦，我这不正在练习怎么快速提升我的反应速度，同时也在思考怎么用程序来模拟这个游戏。

行啊，格致猫，你现在对编程都着迷了，碰到什么问题都想用编程的方法试一试。快说一说你的想法吧，要不就把你憋坏了。

小麦，我是在想解决这个问题的关键点在哪里。找到了关键点，编程就很简单了。

那你觉得这个问题的关键点是什么呢？

这个问题和我们以前解决过的海盗问题有相似的地方，但是比海盗问题简单。因为海盗问题要进行多轮淘汰，所以每个数的位置是发生变化的。而这个问题中只有一轮，所以只要找到 7 的倍数和含有 7 的数即可。判断是否为 7 的倍数的方法很简单，只要用数到的数除以 7，看看余数是否为 0 就可以了。而判断数字中是否含有 7，只需用 〈苹果 包含 果 ?〉 积木即可。又因为这两个条件满足之一就得说“过”，因此需要 〈 或 〉 积木把两个条件连接起来。把这些关键点想清楚了，编程应该就很轻松了。

我们同样利用询问语句获取全班的人数，积木组合为 [询问 请输入班级人数 并等待] [将 班级人数 设为 回答]。建立变量“计数”并赋初值为“1”，积木为 [将 计数 设为 1]，这个变量就起到了数数的功能。[重复执行直到 〈计数 > 班级人数〉 [将 计数 增加 1]] 积木组合可以帮我们把“班级人数”所有的数字都数一遍。“如果……那么……否则”语句通过判断是否满足条件，积木组合为 〈〈(计数 除以 7 的余数) = 0〉 或 〈计数 包含 7 ?〉〉 决定是报数字还是说“过”（见图 33-1）。所有积木组合后的完整程序如图 33-2 所示。

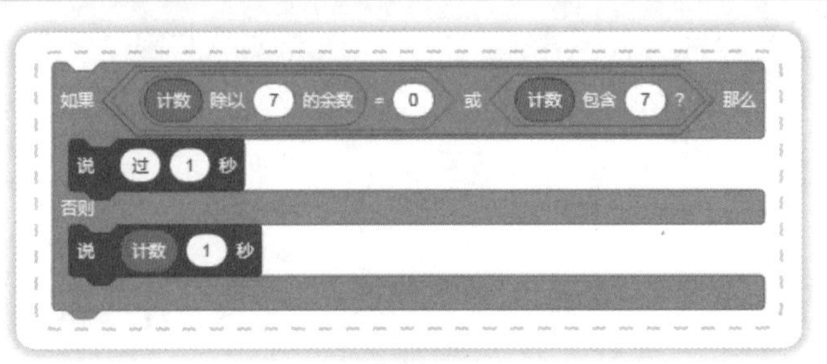

图 33-1

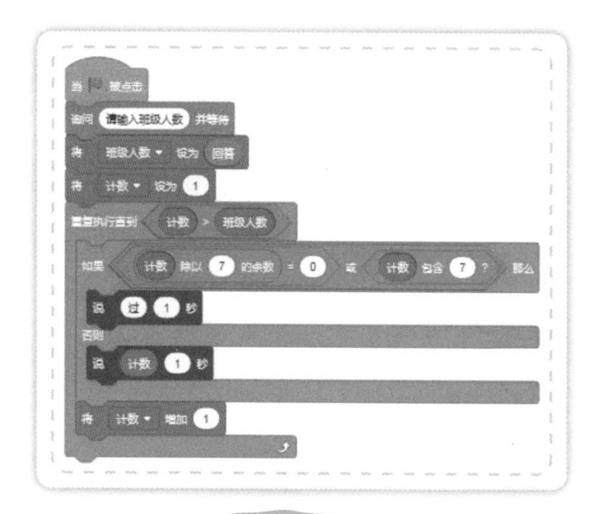

图 33-2

格致猫，程序是成功了，但是你发现一个问题了吗？

什么问题？小麦。

那就是程序永远不会出错啊！这样趣味性和挑战性就差了很多。格致猫，我们把这个程序改造一下吧！

怎么改造？

可以让两位同学对练。第一位同学首先输入一个数，第二位同学接着输入一个数，第一位同学再输入一个数，第二位同学再输入……每次输入的数都加起来，如果哪位同学输入的数与前面已经累加的数的和为7的倍数或包含7，那这位同学就输了。

小麦，你的鬼点子就是多，这样真不错，特别有意思，也特别具有挑战性，还锻炼了同学们的口算能力，那我们就开始吧！

其实这个程序就是把刚才的程序稍作调整，它的关键部分是一样的，只不过把刚才用“计数”做判断现在换成了用两个同学输入数字的“和”做判断而已（见图 33-3）。格致猫，我们可以先对练对练！

```
当 🏳 被点击
将 和 ▾ 设为 0
将 同学1 ▾ 设为 0
将 同学2 ▾ 设为 0
重复执行
    询问 请同学一输入一个数字 并等待
    将 同学1 ▾ 设为 回答
    将 和 ▾ 增加 同学1
    如果 < < (和) 除以 7 的余数 = 0 > 或 < 和 包含 7 ? > > 那么
        说 同学一输了 2 秒
    询问 请同学二输入一个数字 并等待
    将 同学2 ▾ 设为 回答
    将 和 ▾ 增加 同学2
    如果 < < (和) 除以 7 的余数 = 0 > 或 < 和 包含 7 ? > > 那么
        说 同学二输了 2 秒
```

图 33-3

好嘞，看看我们谁算得快！

我们知道了如何用程序判断数字间的倍数关系及如何判断字符串中是否包含某个字符。

第34节 看谁跳得多

小麦，新学期开始了。我们一起跳绳锻炼身体吧！

太好了，我也正有此意，咱俩不谋而合了！

小麦，你打算怎么跳呢？

我想第一天跳100个，以后每隔一天增加10个。你呢，格致猫？

我打算第一天先跳100个，以后每天增加5个。小麦，你说30天下来我们谁跳得多？

我们可以把计划写到一个表格里进行统计，也可以编一个程序，让程序帮我们计算。

要不我们还是通过编程的方式来看看谁跳得多吧！

好的，格致猫，你编程，我做表格。我们看一看结果是否一致。你说说你的思路，我一边做表格一边听听你计划怎么编程。

好的。

说到编程，这个问题的关键点我认为应该是先求出我们每天跳绳的量，然后累加到跳绳总量中就可以。我每天跳绳的量比较好计算，因为我是每天增加 5 个，这样随着天数增加跳绳数就可以了。但你是隔天增加 10 个，这就不容易计算了。

格致猫，你说的同时，我已经把我们的部分计划输入 Excel 表格中了。根据这个表格（见表 34-1）你会发现我的跳绳数量其实也是有规律的。

表 34-1　天数与跳绳个数　　单位：个

天数	个数	
	格致猫	小麦
第 1 天	100	100
第 2 天	105	100
第 3 天	110	110
第 4 天	115	110
第 5 天	120	120
第 6 天	125	120
第 7 天	130	130
第 8 天	135	130

让我研究研究。你第一天跳 100 个，第二天跳 100 个，第三天跳 110 个，第四天跳 110 个，第五天跳 120 个，第六天跳 120 个……

小麦，我找到了，你跳绳数量的规律是：当天数是偶数时，你和前一天跳的数量一样，当天数是奇数时，你就增加 10 个。找到这个规律就容易多了。首先用“格致猫”“小麦”两个变量代表我们每天跳绳的数量，它们的初始值都为“100”。“格致猫总量”“小麦总量”用来进行累加我们的跳绳总量，它们的初始值也是“100”（见图 34-1）。

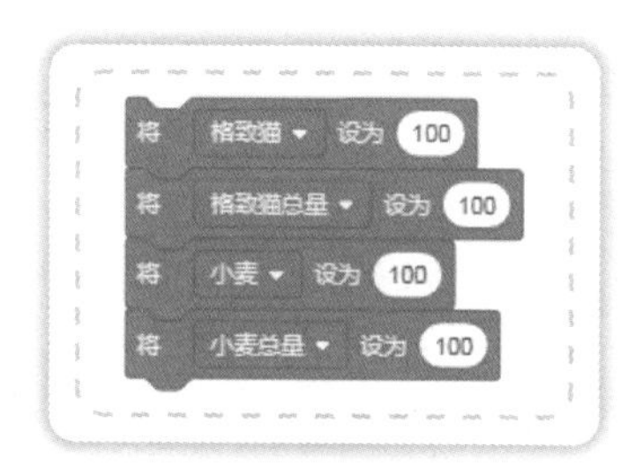

图 34-1

变量“天数”用来统计我们用了多少天，这里需要注意的是它的初始值是“2”，积木为 将 天数 设为 2 ，这是因为我们第一天都是跳了 100 个，从第二天开始才按照各自的计划进行锻炼的。可以通过

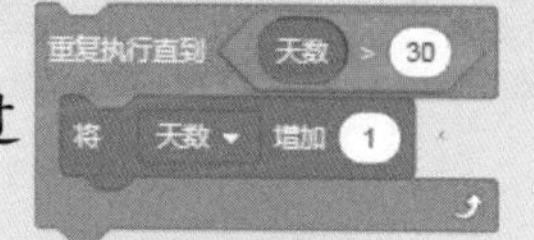

积木组合来遍历所有的天数。在重复执行过程中，由于我是每天增加 5 个，因此用 将 格致猫 增加 5 将 格致猫总量 增加 格致猫 积木组合即可。而你是在天数为奇数时才增加，偶数时不变，因此得先用

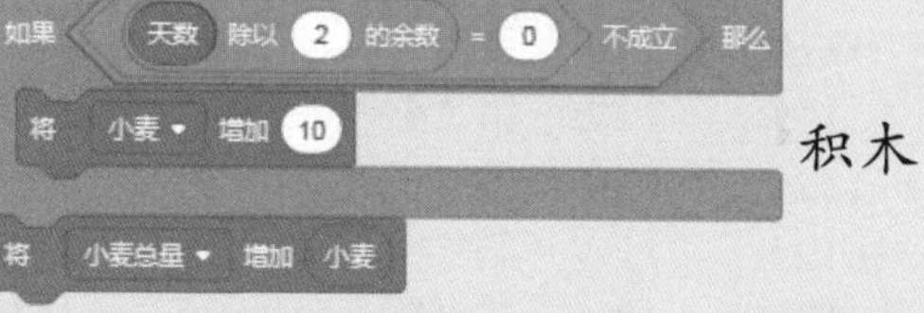

积木组合判断天数是否为奇数。把所有积木组合后程序如图 34-2 所示。运行后的结果如图 34-3 所示。

小麦，我跳得比你多呀！你的表格统计完了吗？

我的表格也统计完了，结果如表 32-2 所示，我们的结果都一样。从结果上看我得调整我的锻炼计划了，我也不会落后的！

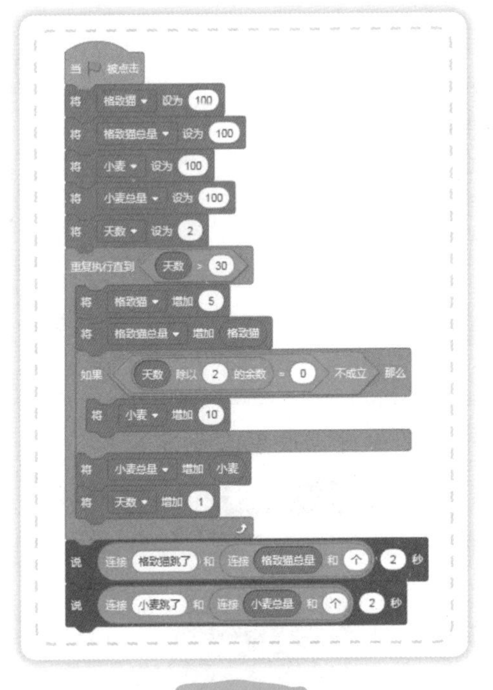

图 34-2

图 34-3

表 34-2　跳绳个数统计　　　　单位：个

天数	格致猫	小麦	天数	格致猫	小麦	天数	格致猫	小麦
第 1 天	100	100	第 11 天	150	150	第 21 天	200	200
第 2 天	105	100	第 12 天	155	150	第 22 天	205	200
第 3 天	110	110	第 13 天	160	160	第 23 天	210	210
第 4 天	115	110	第 14 天	165	160	第 24 天	215	210
第 5 天	120	120	第 15 天	170	170	第 25 天	220	220
第 6 天	125	120	第 16 天	175	170	第 26 天	225	220
第 7 天	130	130	第 17 天	180	180	第 27 天	230	230
第 8 天	135	130	第 18 天	185	180	第 28 天	235	230
第 9 天	140	140	第 19 天	190	190	第 29 天	240	240
第 10 天	145	140	第 20 天	195	190	第 30 天	245	240
合计							5175	5100

成长日记

我们学会了根据不同条件做出判断，并用累加的方式进行运算求得结果。

第35节 计算圆周率

小麦，我们以前研究过如何画圆，你还记得吗？

当然记得了。圆其实就是一个边数很多的正多边形，而画正多边形时有一个特点就是旋转的角度与边数的乘积为 360°。格致猫，你怎么想到画圆了呢？

昨天有一位同学让我帮他用程序设计五环风筝。我就用 Scratch 编程绘制，但是在绘制过程中我发现如果每次移动的步长没规划好，圆经常会画到舞台外面，结果就变形了。因此，我在思考怎么在舞台上画出一个尽可能大的圆形。

以前我也注意过这个问题，但是没有很在意，就随便把步长改小，不让圆出界就行了。今天你提出这个问题，我觉得还真得好好研究研究。

小麦，我在想舞台的尺寸是长为 480，宽为 360（见图 35-1）。因此，我们得以宽为上限，只要不超过 360，所绘制的圆形就不会变形了。

对，格致猫。你看，假设现在把角色移到最高点（x:0,y:180），而画的圆是一个正 360 边形的话，现在舞台的宽是不是就是圆的直径（直径 =360）？有了直径是不是就能求出圆的周长（周长 =π×360）？

圆的周长就是正360边形的周长，那么这个正360边形的每一条边的长度就为周长 ÷360，也就是角色每次移动的步长，只要不超过这个步长，圆就不会超过边界，如图35-2所示。它的程序很简单，如图35-3所示。

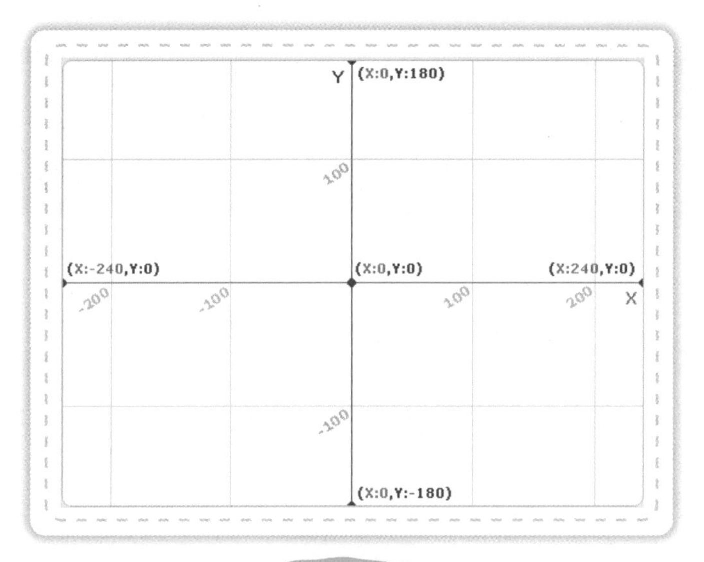

图 35-1

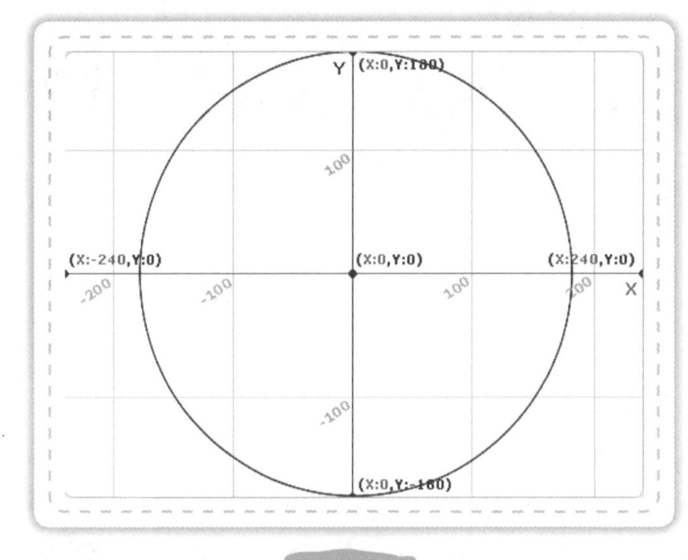

图 35-2

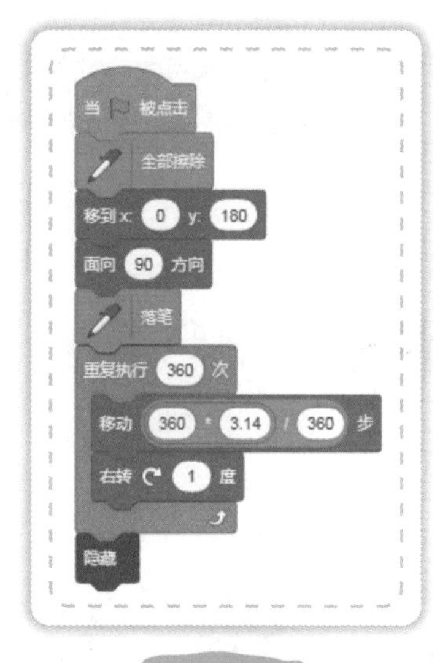

图 35-3

是啊，这样我们就能在舞台中画出一个最大的圆。小麦，我们能不能把思维转换一下，求出圆周率呢？

格致猫，你的思路很对，只要有了圆的周长和直径，那么圆周率（圆周率 = 圆的周长÷直径）就可以求出来了。分享一下你的思路吧！

小麦，为了精确，我们把角色换成两个相同的点，并且初始位置相同。其中一个点可以运动，我们用它来画一个半圆，另外一个点保持在原地不动。当运动点画完半圆后，此时这两点间的距离就是直径，而圆的周长就是正多边形的周长，以此我们就可以求出圆周率，程序如图 35-4 所示。运行后求得的圆周率如图 35-5 所示。

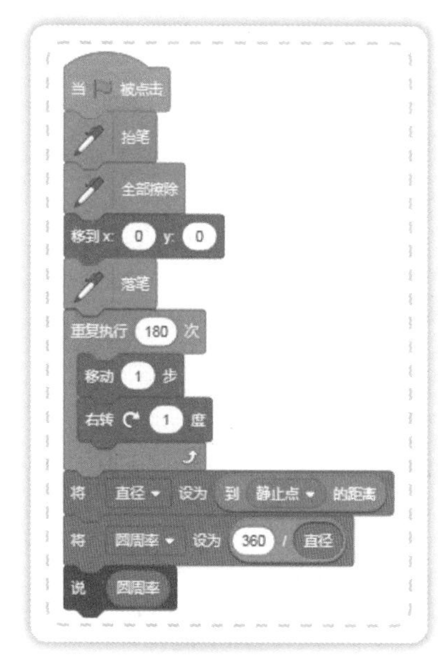

图 35-4

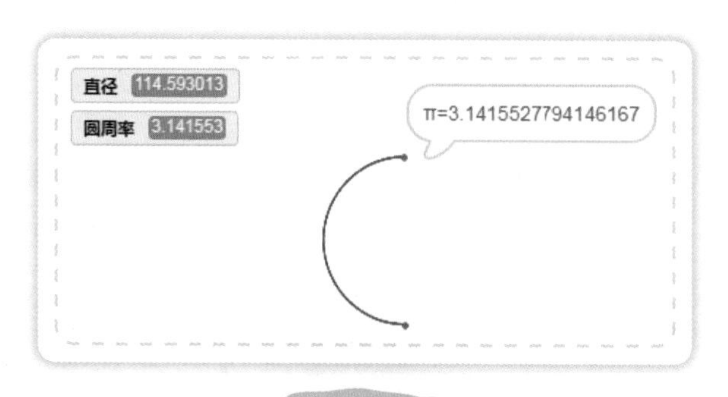

图 35-5

格致猫，π 的值是 3.14159，程序计算的是 3.14155，还挺接近的呀！格致猫，你知道吗？在历史上有一位很牛的数学家叫莱布尼茨，他也发明了一种计算圆周率的方法呢！

什么方法呀，小麦？

还记得我们以前研究过一道被称为惠更斯谜题（第 5 节）的问题吗？莱布尼茨比惠更斯小十几岁，是惠更斯的忠实“粉丝”。莱布尼茨和牛顿同时发现了微积分。他计算圆周率的方法也是微积分思想的一种体现。他是这样计算圆周率的：$\frac{\pi}{4}=1-\frac{1}{3}+\frac{1}{5}-\frac{1}{7}+\frac{1}{9}\cdots$，进行运算的数字越多，结果越精确。格致猫，你能发现莱布尼茨计算圆周率的规律并把这种方法编写成程序吗？

我发现如果把 1 写成 $\frac{1}{1}$ 的话，那么 $\frac{\pi}{4}=1-\frac{1}{3}+\frac{1}{5}-\frac{1}{7}+\frac{1}{9}\cdots$就变成了 $\frac{\pi}{4}=\frac{1}{1}-\frac{1}{3}+\frac{1}{5}-\frac{1}{7}+\frac{1}{9}\cdots$，我们会发现这些分数的分母都是奇数，而且第二个、第四个、第六个……是减去这个分数，而减去一个数可以看成加上“−1”乘以这个数，如 3−2=3+（−1×2）。因此我们可以建立一个列表，把一定范围内的奇数都找到并放到这个列表中，列表项数为偶数的就用“−1”乘以这一项，这样所有的偶数项就变成减去了。

首先建立“整数”“和”“指针”“奇数”“π”四个变量和“奇数表”一个列表，并进行初始化设置，积木组合为

```
删除 奇数表 ▾ 的全部项目
将 整数 ▾ 设为 0
将 指针 ▾ 设为 1
将 和 ▾ 设为 0
```

。重复执行 5000 次选出这个范围内的奇数（见图 35-6），然后利用列表项数的奇偶性进行计算（见图 35-7）。

完整的程序如图 35-8 所示。单击绿旗后程序的运行结果如图 35-9 所示。

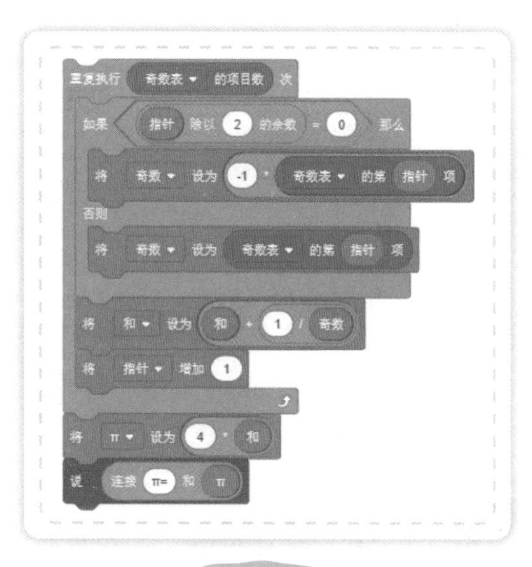

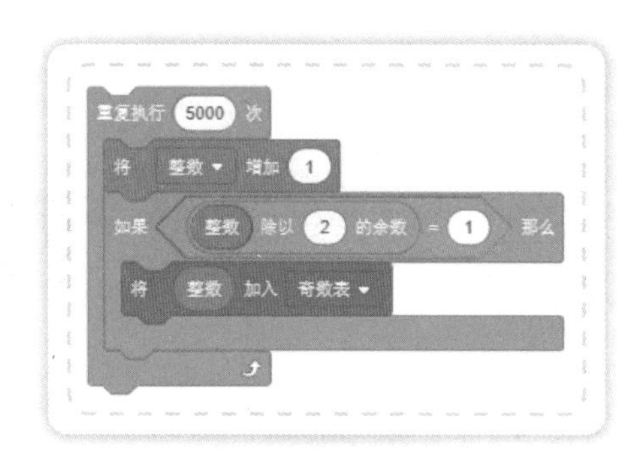

图 35-6

图 35-7

```
当 ⚑ 被点击
删除 奇数表 的全部项目
将 整数 设为 0
将 指针 设为 1
将 和 设为 0
重复执行 5000 次
    将 整数 增加 1
    如果 整数 除以 2 的余数 = 1 那么
        将 整数 加入 奇数表
重复执行 奇数表 的项目数 次
    如果 指针 除以 2 的余数 = 0 那么
        将 奇数 设为 -1 * 奇数表 的第 指针 项
    否则
        将 奇数 设为 奇数表 的第 指针 项
    将 和 设为 和 + 1 / 奇数
    将 指针 增加 1
将 π 设为 4 * 和
说 连接 π= 和 π
```

图 35-8

图 35-9

格致猫，这个程序的思路很清晰，就是有点儿复杂，你能不能把这个程序简化一下呢？为了满足这个式子的奇数项是加法，偶数项是减法，你又对列表的项数进行了判断。其实在数学中有这么一个规律“正正得正、负负得正、正负得负”。也就是说，如果两个数的正负号相同，那么它们相乘就得正数。如果它们的正负号相反，它们相乘就得负数。根据这个规律你能把程序再优化一下吗？

嗯，我再想想，“正正得正、负负得正、正负得负”……

想出来了！我可以建立一个变量并命名为“加减调节器”，把它的初值设为“−1”。再用 将 加减调节器 设为 -1 * 加减调节器 积木来控制它的正、负。第一次时，由于“加减调节器”的初值为“−1”，当它再乘以“−1”时，就变为了“1”。第二次时，“加减调节器”的值为“1”，乘以“−1”就变成了“−1”，这样我们就可以按照项数奇偶变化进行正、负的调整了。小麦，你看我修改后的程序就简单多了（见图 35-10）。

的确，这样程序就简单多了。格致猫，你看 1，3，5，7，9，…这些数都是奇数，我们既可以用判断奇偶数的方法把它们找出来，还可以用什么更简单的方法找到它们呢？

其实，如果我们把第一个数设为“1”，以后的每个数都是在前一个数的基础上加“2”。而且我们可以用隔一次乘以“−1”的方式使正、负交替出现。小麦，我觉得这样程序就会更简单。

程序如图 35-11 所示。

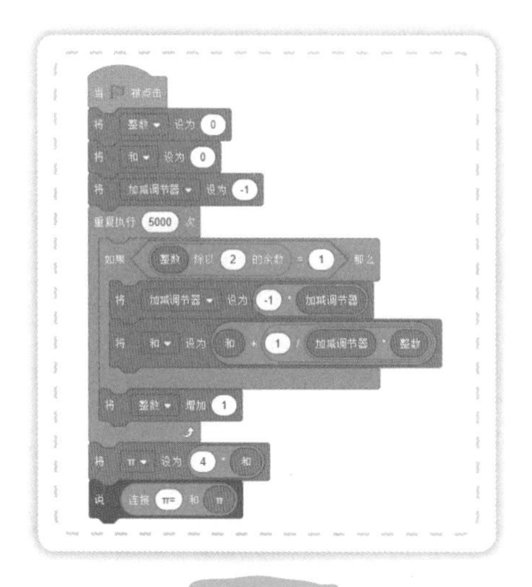

图 35-10

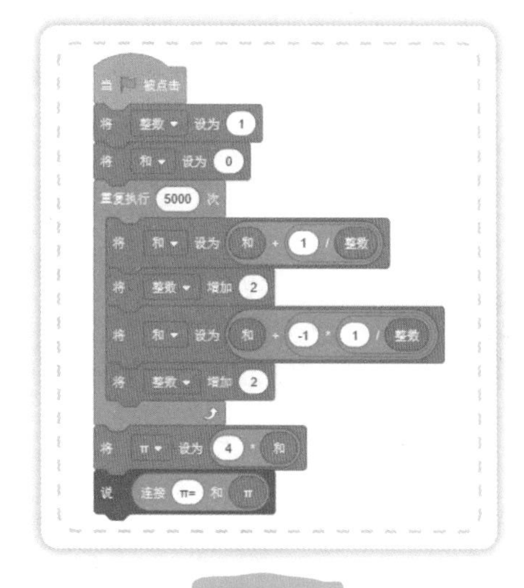

图 35-11

对，格致猫，经过你的进了一步修改，这个程序已经越来越简洁了。你知道吗？据报道，在 2021 年 8 月 17 日，瑞士研究人员使用了一台超级计算机，历时 108 天，已经将圆周率 π 计算到小数点后 62.8 万亿位，创下该常数迄今最精确值纪录。数学家认为圆周率作为一个无限不循环的数字，世界上所有可能存在的数字组合，在圆周率中都能够找到。所以，圆周率对于世界的意义是非凡的，为此人们把每年的 3 月 14 日定为圆周率日。

是吗？没想到圆周率这么有意义呀！经过今天的研究我们也学会了如何利用编程的方法求圆周率。小麦，我觉得我们也像小数学家了！

对，对，我们也是小数学家了！哈哈……

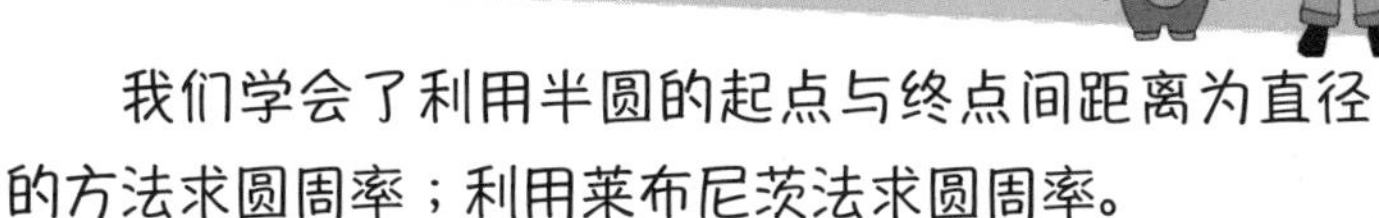
我们学会了利用半圆的起点与终点间距离为直径的方法求圆周率；利用莱布尼茨法求圆周率。

第36节 检测回文数

格致猫，你能将“上海自来水来自海上”反过来说一遍吗？

什么？小麦，上海什么？

上海自来水来自海上！

上海……自来水来自……海上？等等，小麦，直接反着说我还说不了呢！我先把这句话写下来再反着说。

说着，格致猫用笔在纸上写下这句话。

知道了，小麦。反过来是“上海自来水来自海上”。咦？小麦，怎么反过来说和正着说是一样的？

哈哈，格致猫，这是一句回文联。所谓回文联就是它正着读和倒着读都一样。在数学上也有类似的数字……

还没等小麦说完，格致猫就抢着说。

那一定是回文数了！小麦，像 12321 这样的数字是不是就是回文数？它们正读、倒读都一样。

反应很快啊！对，像 12321 这样正读、倒读都一样的数字，我们称为回文数。格致猫，你能编写一个判断一个数字是否为回文数的程序吗？

小麦，刚才你说“上海自来水来自海上”并让我反着说时，我不能立马直接说出来，是因为我虽然记住了这9个字，但是我的脑子中没有这9个字的具体形象。我用笔写下来以后，看到了这9个字的具体形象，顺口就能反着把它们念出来了。通过刚才我的真实体会，我想编程时是不是也得先把这个数字存储下来，让计算机先记住它，然后把它反过来，也就是逆序排列，再和原数字做一下对比，看一看如果反过来的数字和原数字一样，那它就是回文数，否则就不是。

对，格致猫，我们编写程序时有时可以仔细思考一下自己处理这个问题的思路，然后看一看能不能把自己的思路用程序语言表达出来。其实所谓程序就是我们用计算机能听懂的语言告诉计算机如何去做。

对，小麦。我现在就是把我的思路梳理下来然后用 Scratch 表达出来。我先建立两个列表“正向”和“逆向”，在程序运行前把它们里面的内容都清空，然后通过“询问”积木获得我们想判断的数字。这时我们要把这些数字输入“正向”列表中，因此我建立一个变量“指针”并把它的初始值设为“1”。通过“重复执行直到”积木让“指针”一直增大，直到我们输入数字的长度为止。利用 回答 的第 指针 个字符 积木把输入数字中的每个数位上的数字加入“正向”列表中（见图 36-1），这样就把输入数字中的每个数位上的数字自左向右加入“正向”列表了。

逆序输入正好和正向输入相反。我们把“指针”的初始值设为最大值，也就是输入数字的长度，然后让其逐渐减小直到为 1（见图 36-2）。这样就可以自右向左把输入数字加入“逆向”列表中。

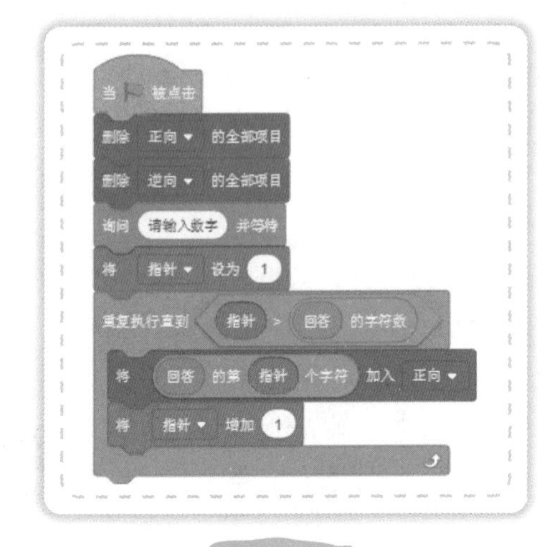

图 36-1

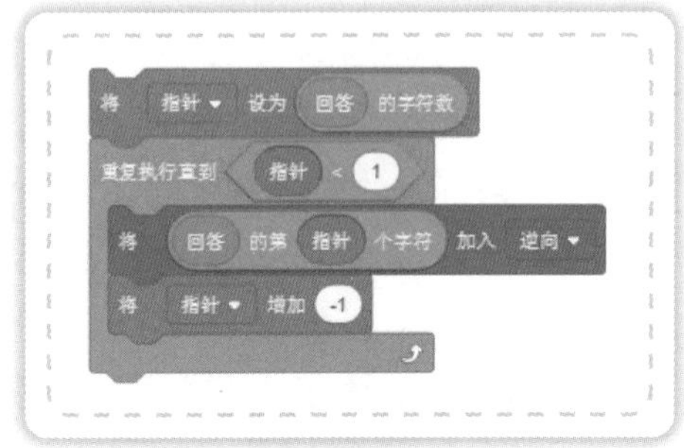

图 36-2

此时我们开始比较“正向”列表与“逆向”列表中的每一项的数字是否相等。如果它们中的每一项都相等就是回文数，否则就不是（见图 36-3）。

图 36-3

这里需要我们注意 将 指针 增加 1 积木的位置，它是放在了“如果……那么……否则”积木组合的凹槽里（见图 36-4），这样就能指挥计算机在执行 正向 的第 指针 项 = 逆向 的第 指针 项 积木组合时继续判断两个列表的下一项是否相等了。把所有积木组合后得到的完整程序如图 36-5 所示。

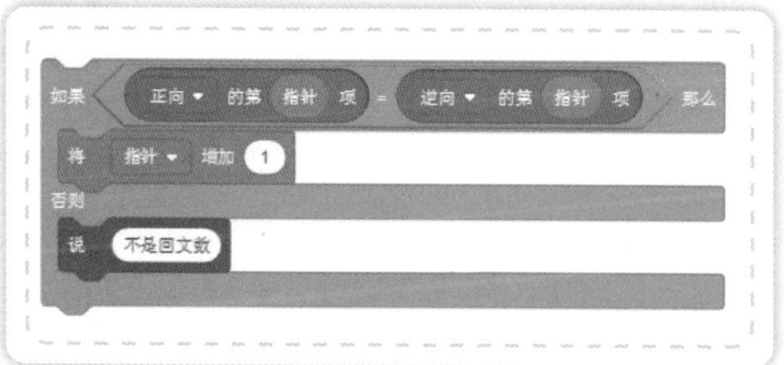

图 36-4

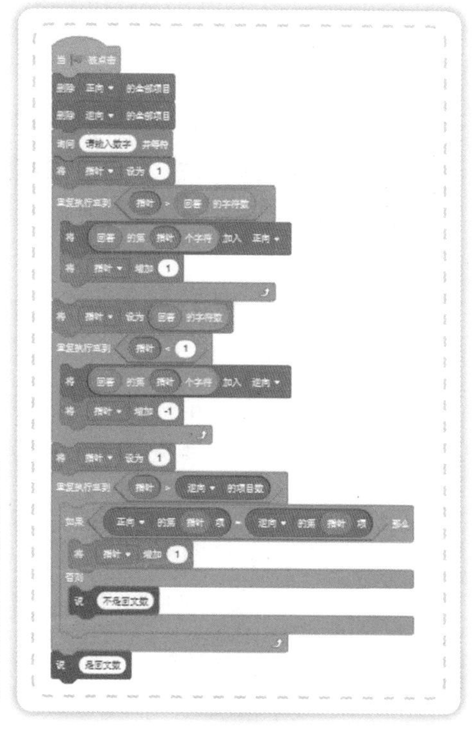

图 36-5

我们输入 1234321 试一试吧！ OK，结果（见图 36-6）正确！

图 36-6

格致猫，恭喜你啊，这么快就把程序编写完了。我们还有没有别的方法也能实现判断回文数的功能呢？

给你一个小提示，还记着我们在判断水仙花数时，说一串数字也可以看成是字符串，字符串本身可以看成一个类似于列表的存储器，可以直接把它里面的数字按照序号输出出来……

格致猫拍了一下脑袋。

是啊！把输入的数字看成字符串，那程序就能简化很多，但基本的思路还是一样的。

调整后的程序如图 36-7 所示。

```
当 🏳 被点击
询问 请输入一个数字 并等待
将 被测数字 ▾ 设为 回答
将 正向指针 ▾ 设为 1
将 逆向指针 ▾ 设为 被测数字 的字符数
重复执行直到 正向指针 > 被测数字 的字符数
    如果 被测数字 的第 正向指针 个字符 = 被测数字 的第 逆向指针 个字符 那么
        将 正向指针 ▾ 增加 1
        将 逆向指针 ▾ 增加 -1
    否则
        说 不是回文数
说 是回文数
```

图 36-7

小麦，你看我们可以直接在字符串中进行比较，正向指针从字符串的最左端选数字，逆向指针从字符串的最右端选数字，它们的位置正好一一对应，这样做比较就可以了。

格致猫，你再想一下，这个程序还能优化吗？你想想我们同时从最左边和最右边选数字进行比较，比较到哪个位置时就可以结束了？如果这串数字写在一张长纸条上，我们是不是只要对折一下，看看……

小麦，我知道了，我们只要比较到字符串的一半长度就可以了！我把程序再修改一下。

修改完的程序如图 36-8 所示。

```
当 🏴 被点击
询问 (请输入一个数字) 并等待
将 [被测数字 ▾] 设为 (回答)
将 [正向指针 ▾] 设为 (1)
将 [逆向指针 ▾] 设为 ((被测数字) 的字符数)
重复执行直到 <(正向指针) > (((被测数字) 的字符数) / (2))>
    如果 <((被测数字) 的第 (正向指针) 个字符) = ((被测数字) 的第 (逆向指针) 个字符)> 那么
        将 [正向指针 ▾] 增加 (1)
        将 [逆向指针 ▾] 增加 (-1)
    否则
        说 (不是回文数)
说 (是回文数)
```

图 36-8

这样程序计算的次数就减少了一半。

格致猫，我这里有这样一个程序（见图 36-9），你看它是否能判断一个数是不是回文数呢？

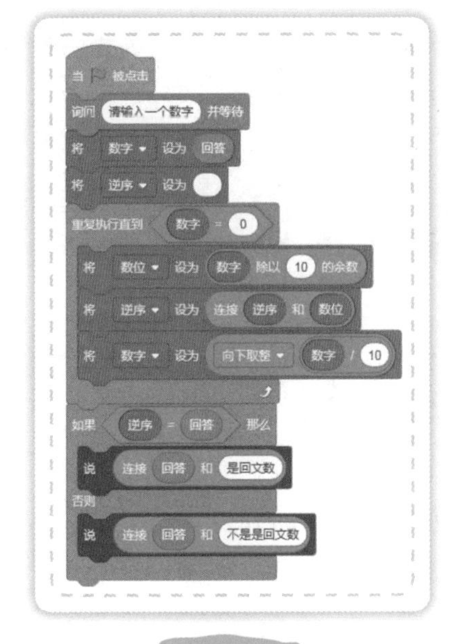

图 36-9

```
将 数字 设为 回答
将 逆序 设为
重复执行直到 数字 = 0
    将 数位 设为 数字 除以 10 的余数
    将 逆序 设为 连接 逆序 和 数位
    将 数字 设为 向下取整 数字 / 10
```

图 36-10

小麦，我仔细思考了一下。你这个程序的核心部分是图 36-10 所示程序。

我们以一个三位数 234 为例。一开始变量“数字”的值为 234。在“重复执行直到”这个循环体中，第一次循环时，“数位”的值为 234 除以 10 的余数为 4；“逆序”的值为连接“逆序”的初始值“ ”和“4”，所以第一次循环中“逆序”的值为“4”。 `将 数字 设为 向下取整 数字 / 10` 积木组合（第三块积木组合）的作用是把“数字”的值除以 10 再向下取整，也就是 234÷10=23.4，向下取整后值为 23，再把 23 赋值给“数字”，因此第一次循环结束后“数字”的值为 23。由于此时“数字”的值为 23 不等于 0，所以就进入第二次循环。

在第二次循环中，“数位”的值为 23 除以 10 的余数 3；“逆序”的值为上一次“逆序”的值 4 连接此时“数位”的值 3，即 43，运行第三块积木组合时，用此时“数字”的值 23 除以 10 再向下取整，即 23÷10=23，得 2，因此第二次循环结束时“数字”的值为 2。同样因为此时“数字”的值为 2 不等于 0，所以就进入第三次循环。在第三次循环中，“数位”的值为 2 除以 10 的余数 2；“逆序”的值为上一次“逆序”的值 43 连接此时“数位”的值 2，即 432；运行第三块积木组合时，用此时“数字”的值 2 除以 10 再向下取整，即 2÷10=0.2，得 0，因此第三次循环结束时“数字”的值为 0，此时满足了循环结束的条件“数字”的值为 0，循环结束，从而得出“逆序”的值为 432。这时程序再利用图 36-11 所示积木组合判断该数是否为回文数就可以了。

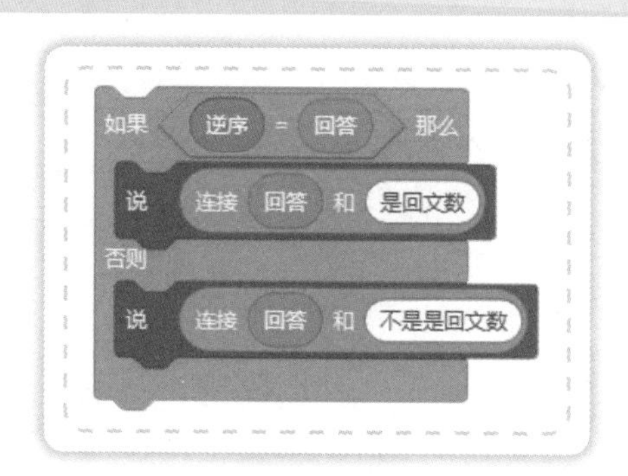

图 36-11

格致猫，你试一试，我们今天编写的这些程序能不能判断一句话是不是回文句？我们的汉字文化博大精深，在历史上就有很多著名的回文诗，你看下面这组明末浙江才女吴绛雪写的诗。

四时山水诗

莺啼岸柳弄春晴夜月明，
香莲碧水动风凉夏日长，
秋江楚雁宿沙洲浅水流，
红炉透炭炙寒风御隆冬。

春景诗 （莺啼岸柳弄春晴夜月明）
莺啼岸柳弄春晴，
柳弄春晴夜月明。
明月夜晴春弄柳，
晴春弄柳岸啼莺。
夏景诗 （香莲碧水动风凉夏日长）
香莲碧水动风凉，
水动风凉夏日长。
长日夏凉风动水，
凉风动水碧莲香。
秋景诗 （秋江楚雁宿沙洲浅水流）
秋江楚雁宿沙洲，
雁宿沙洲浅水流。
流水浅洲沙宿雁，
洲沙宿雁楚江秋。
冬景诗 （红炉透炭炙寒风御隆冬）
红炉透炭炙寒风，
炭炙寒风御隆冬。
冬隆御风寒炙炭，
风寒炙炭透炉红。

是不是正读倒读在脑海中会浮现出一幅很美的水墨画来？格致猫，改天我们编写一个程序让这个程序自动写回文诗吧！

当然可以了！ Let's have a try！（让我们试一试吧！）

成长日记

我们学会了利用列表法及字符串法两种方法进行回文数的验证。

第37节 石头剪刀布游戏

石头剪刀布！

格致猫，我是石头，你是剪刀，这一局我赢了！

嘿嘿，这石头剪刀布的游戏真的挺好玩，不过要是想多赢还得多动脑筋。小麦，你说我们能通过编程的方式来模拟一下这个游戏吗？我觉得挺难的，怎样才能让计算机知道石头能赢剪刀，剪刀能赢布，而布又能赢石头呢？

格致猫，我们可以把这个问题转换成数学问题。其实在利用程序解决生活问题时，人们往往思考如何把这些实际问题转换成数学问题，然后利用计算机程序解决这些数学问题。这种解决问题的方式被称为数学建模。

噢，小麦。我以前也经常听老师说通过建立数学模型来解决问题，一直不知道什么是数学模型，它有什么用。今天你这么一说，我豁然开朗。小麦，那这个石头剪刀布的游戏应该怎么建立数学模型呢？

沉住气，格致猫，我们一起分析分析。你看这个游戏中有三种手势：石头、剪刀、布。其中石头能赢剪刀，剪刀能赢布，布又能赢石头。如果把这三种手势看成某些数字，找一找这些数字之间的关系看看能不能发现什么线索？

嗯，这是一个好想法。我们把这三种手势看成哪些数字呢？

就把它们看成最简单的数字吧。先把它们看成 1，2，3 这三个数字，看看能不能找到规律。

嗯，我们把石头看成 1，把剪刀看成 2，把布看成 3。1 比 2 小，所以石头赢。2 比 3 小，所以剪刀赢。前两个还可以，但是 3 却比 1 大，布怎么赢石头呢？这可怎么处理？

别着急，格致猫，我们换一个思路。你看 1−2=−1，2−3=−1，3−1=2，也就是说如果用减法，结果是 −1 和 2 的情况就是赢。再看剪刀碰到石头是输，布碰到剪刀是输，石头碰到布是输，再用减法运算一下，2−1=1，3−2=1，1−3=−2，是不是用减法运算时结果为 1 和 −2 的情况就是输？再就是如果双方出的手势一样，这个相减后结果为 0，那结果为 0 不就是平局了。

对啊，你这么一分析我一下就明白了！

小麦，我们可以模拟一个玩家和计算机进行石头剪刀布游戏了。首先建立两个变量“玩家”和“计算机”。再用“侦测”语句获取玩家的手势，用随机数获取计算机的手势（见图 37-1）。然后用“如果……那么……否则”语句进行判断（见图 37-2）。这样把这些积木组合后就是完整程序（见图 37-3）。

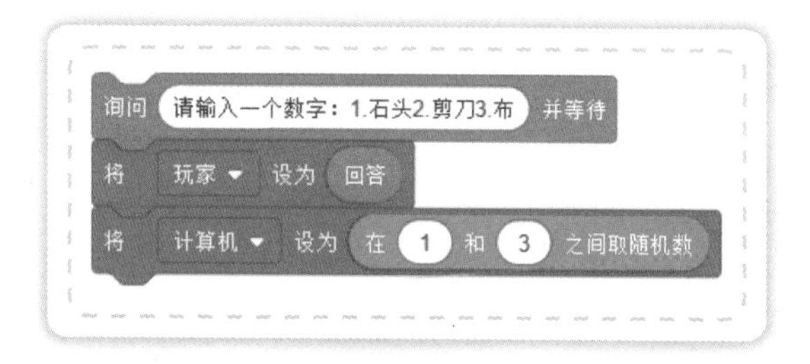

图 37-1

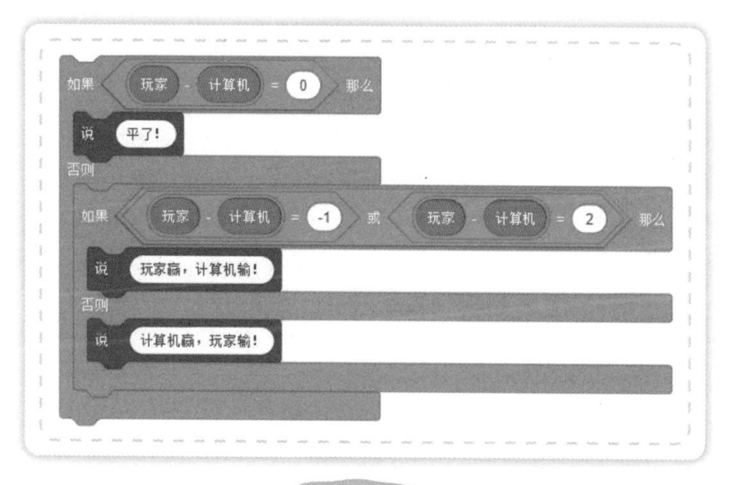

图 37-2

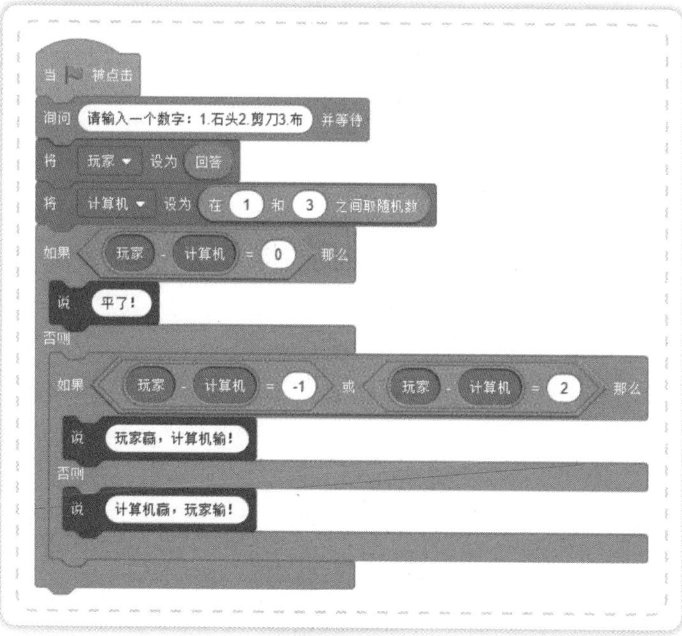

当 被点击
询问 请输入一个数字：1.石头2.剪刀3.布 并等待
将 玩家 设为 回答
将 计算机 设为 在 1 和 3 之间取随机数
如果 玩家 - 计算机 = 0 那么
说 平了！
否则
如果 玩家 - 计算机 = -1 或 玩家 - 计算机 = 2 那么
说 玩家赢，计算机输！
否则
说 计算机赢，玩家输！

图 37-3

小麦，我发现了一个问题，就是如果玩家输入的数字不是 1，2，3 这三个该数字怎么办呢？我们还得把这个程序再完善一下。

格致猫，你的思路越来越缜密了！说一说你想怎么解决？

这个问题在输入数据中很常见。我们只要加入一个

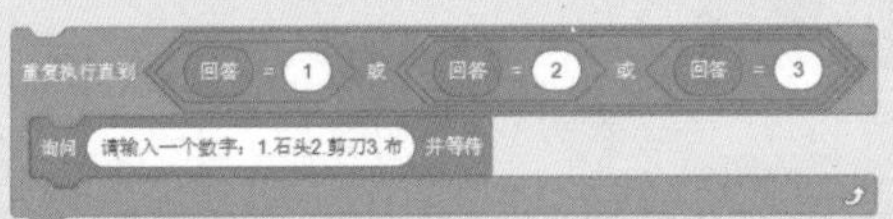

积木组合就可以了。如果输入的数字不是“1，2，3”三个数字，程序就会一直提醒，直到输入的数字符合要求。经过这个修改后完整的程序如图 37-4 所示。

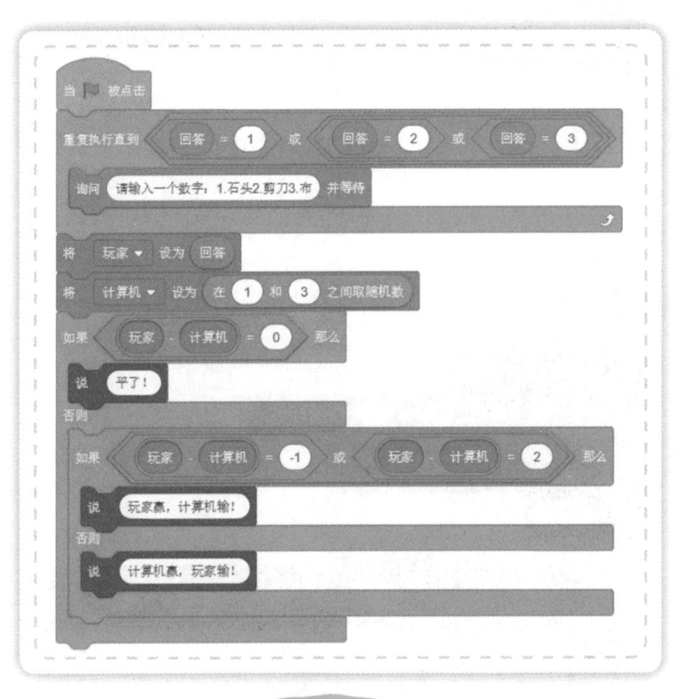

图 37-4

格致猫，我运行这个程序进行了测试，发现它能很好地把石头剪刀布这个程序模拟下来，但是过于简单。

虽然我们能看到程序的运行结果，但是玩家和计算机分别出的是什么手势我们却看不到，只是在舞台上显示变量“玩家”和“计算机”的数值“1，2，3”。我们能不能把这个程序再提升一下，能在舞台上显示玩家和计算机的手势，这样就能更加直观，一眼就判断出谁输谁赢了！

当然可以了，我们可以分别建立三个角色分别为“裁判”“玩家”和“计算机”(见图 37-5)。“裁判”负责进行判断谁输谁赢，它的程序如图 37-6 和图 37-7 所示。

图 37-5

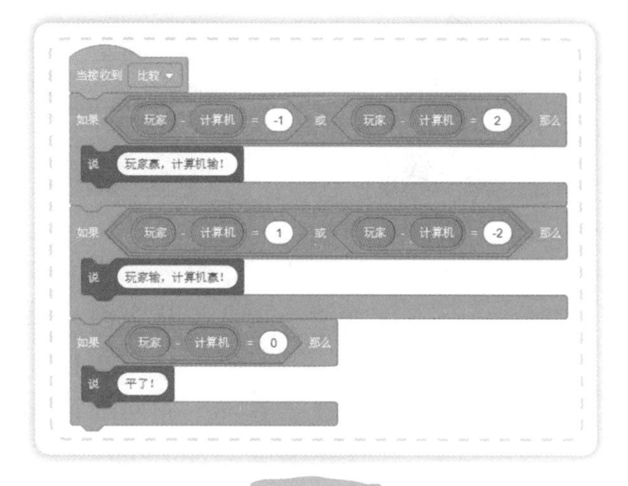

图 37-6

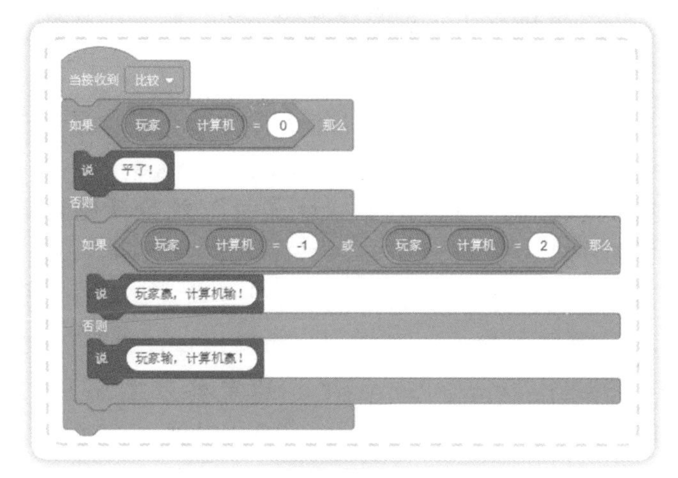

图 37-7

我们需要给“裁判”“玩家”和“计算机”角色建立三个造型，分别为“石头”“剪刀”“布”（见图 37-8）。这三个造型分别对应数字“1”“2”“3”（见图 37-9 和图 37-10）。

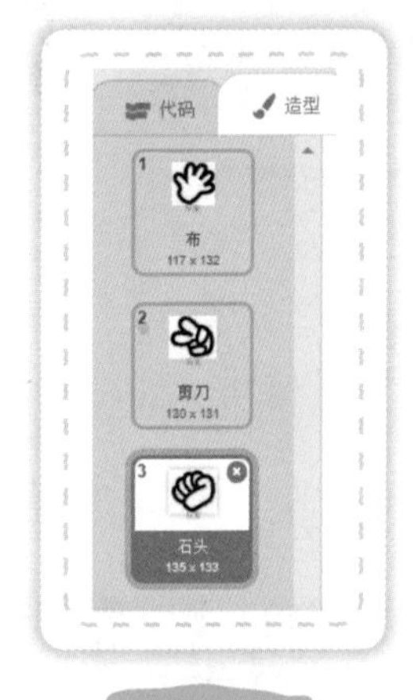

图 37-8

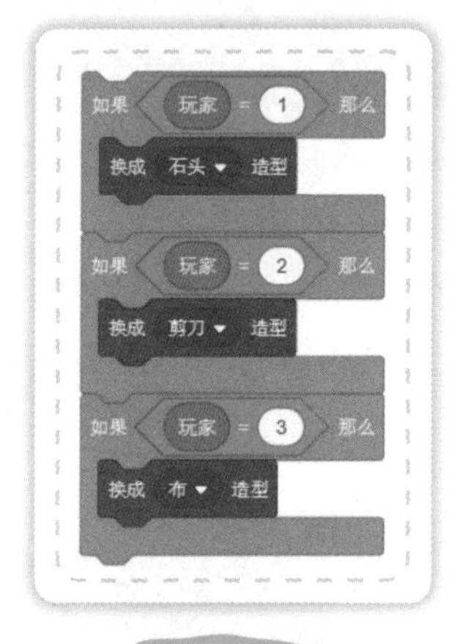

图 37-9

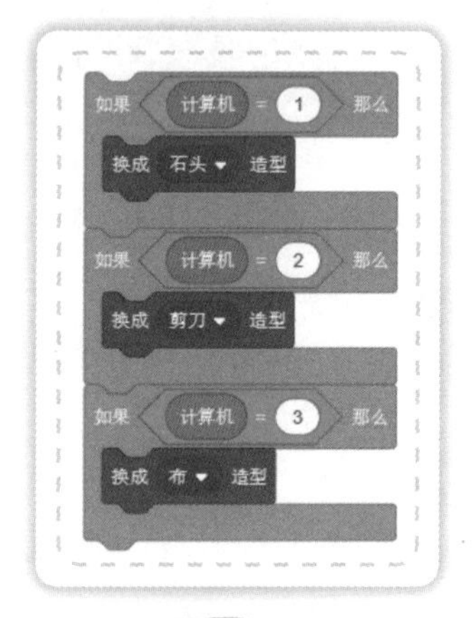

图 37-10

这样程序的基本框架就完成了。但是在测试过程中我们会遇到变量“计算机”的值不同步的问题，也就是“计算机”的值总会先保留上一次程序运行的值，这样也就导致“裁判”判断的依据是上次程序运行的值而不是这次变量应有的值。为了解决这个问题我们可以利用广播积木组合 广播 计算机 并等待 / 将 玩家 设为 回答 / 广播 比较 并等待，使“计算机”的值与“玩家”的值同步。

这样在接收到广播后变量“计算机”就会清空以前程序的值并获取最新的同步数值。在“计算机”与“玩家”的值进行了同步后，“裁判”再进行判断。因此，“裁判”的完整程序如图 37-11 所示，“玩家”的完整程序如图 37-12 所示，“计算机”的完整程序如图 37-13 所示。这样我们再运行验证一下，结果如图 37-14 所示。怎么样，小麦，现在是不是感觉好多了？

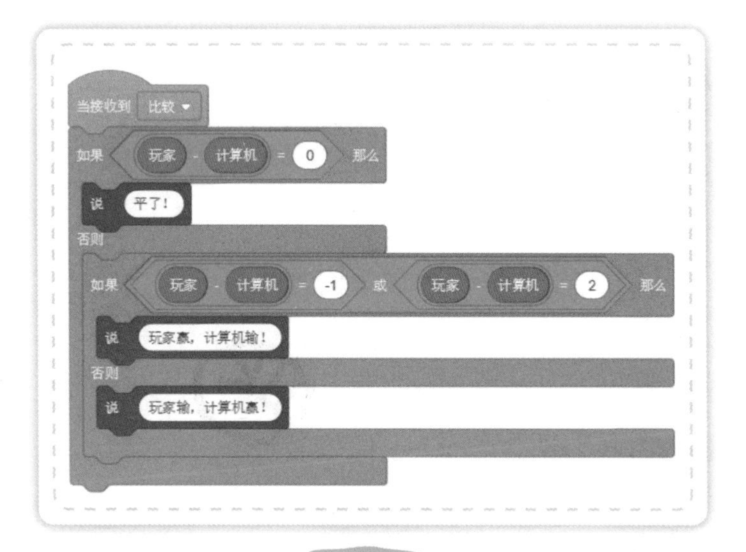

图 37-11

```
当 ⚑ 被点击
重复执行直到 回答 = 1 或 回答 = 2 或 回答 = 3
    询问 请输入一个数字：1.石头2.剪刀3.布 并等待
广播 计算机 并等待
将 玩家 设为 回答
广播 比较 并等待
如果 玩家 = 1 那么
    换成 石头 造型
如果 玩家 = 2 那么
    换成 剪刀 造型
如果 玩家 = 3 那么
    换成 布 造型
```

图 37-12

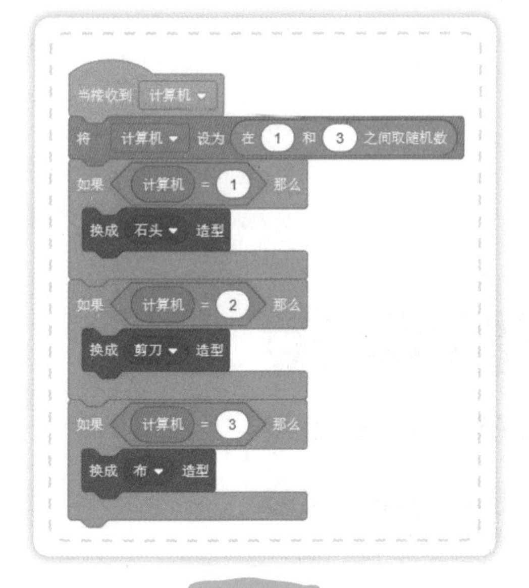

图 37-13

图 37-14

的确，这样修改，程序运行的界面让人感觉舒服多了，一目了然。

小麦，让同学们也都体验一下我们编的新程序吧，大家一定会喜欢的！

对，大家一定会喜欢的！ Let's go（走吧）！

成长日记

我们学会了利用数字关系进行石头剪刀布游戏的数字建模，并利用判断语句实现石头剪刀布的趣味小程序。

第38节 解读身份证

370000201209248511，370000201209248511……我太难了。

格致猫，什么事把你为难成这个样子？快说说，看看我能帮上忙吗？

唉，别提了，小麦。我在背我的身份证号码呢！都大半天了我还是没背下来，我太难了……

噢，这件事呀，十分 easy（容易）。格致猫，身份证是我们的数字代码，它是有规律可循的，掌握了规律背起来就十分简单了。

是吗？小麦，有什么规律呢？快和我说说。

格致猫，我把规律进行了汇总（见图 38-1），你能根据规律看懂自己的身份证号码所包含的信息吗？

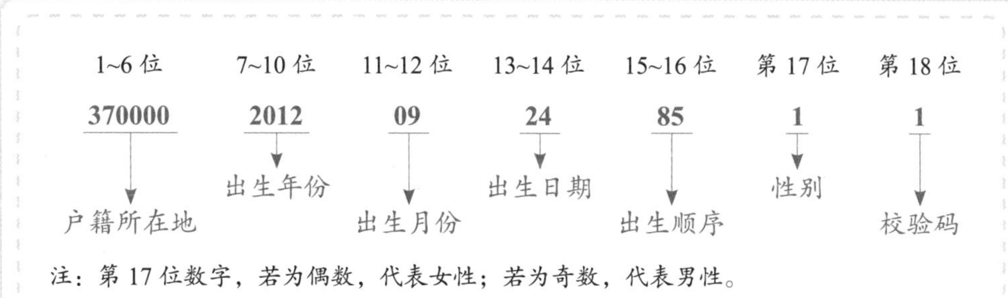

图 38-1

小麦，你把规律这么一汇总我就能看懂了。明白了每一位数字的意义就特别好记了。像我的出生年月日我就特别熟，这样我只要记几个自己不熟悉的数字就可以了。小麦，刚才你这么一讲，我想到我们其实也可以编写一个自动识别各种身份信息的程序，只要输入身份证号码，程序就会自动把户籍所在地、出生年月日、性别等信息识别出来。

行啊，格致猫，你这是三句话不离本行啊！快说一说你的思路吧！

小麦，其实这些编写程序的方法我们以前都接触过，还是把输入的身份证号码看作一个字符串，通过截取这个字符串不同的数位进行相应的判断就可以了。有一个技巧是我们以前没接触过的，需要注意一下。

哪个技巧呢？格致猫。

就是户籍所在地行政区划代码的导入问题。需要先从网上下载全国行政区划代码，并把代码和地区分别复制到两个记事本文件中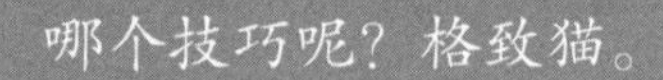

。再建立两个列表并分别命名位“代码”和“地区”。在代码列表的空白处右击会出现导入按钮（见图 38-2），找到“代码”记事本文件的位置导入即可（见图 38-3）。用同样的方法导入地区，但是会出现乱码的情况（见图 38-4）。这时不用着急，先把这些乱码导出（见图 38-5），打开导出的记事本文件，会发现里面也全部是乱码（见图 38-6）。这时把这些乱码全部删除，把正确的地区信息复制到这个记事本文件中，再重新把这个记事本导入“地区”列表中就不会再出现乱码了（见图 38-7）。

格致猫，你的办法还真多！

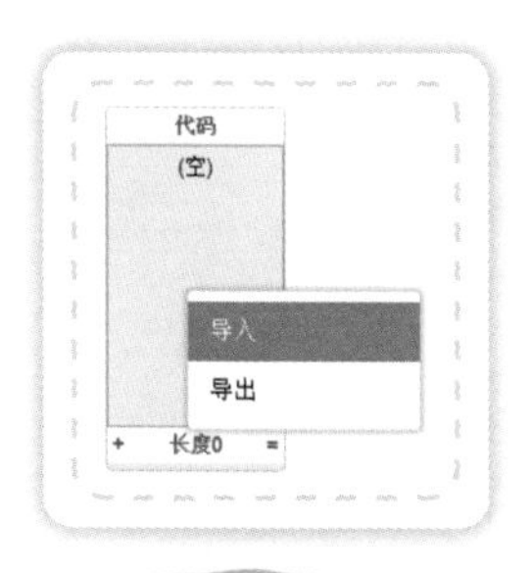

图 38-2

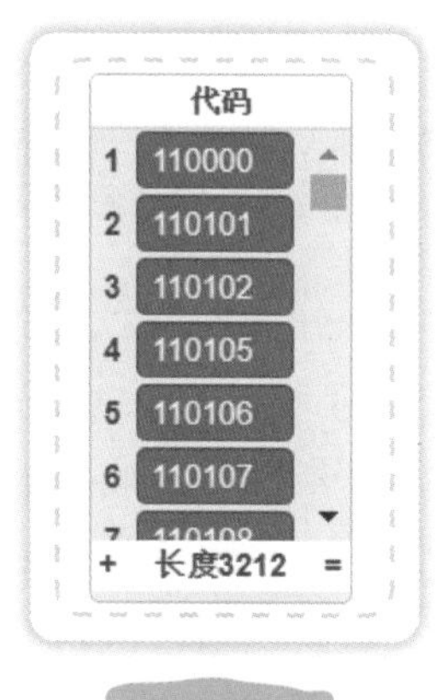

图 38-3

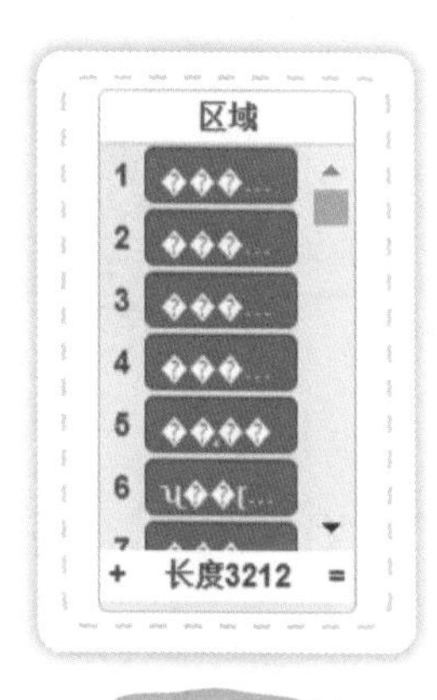

图 38-4

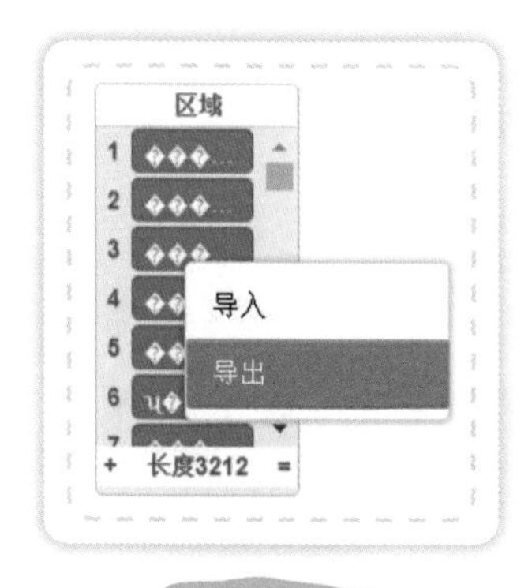

图 38-5

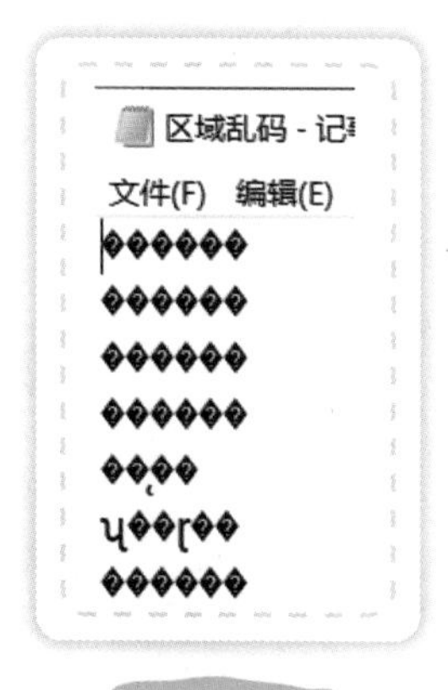

图 38-6

图 38-7

嘿嘿，这是我从网上搜索到的解决办法。小麦，这次因为要分别识别户籍所在地、出生年月日、性别等信息，程序会很长，不便于阅读，出现错误也不便于查找问题所在。因此，这次我们采用模块化编程的方法，也就是我们需要使用一些有特殊功能的积木，在主程序中直接调用这些具有特殊功能的积木就可以。如在这个程序中我们将建立图 38-8 所示的五个新积木，分别承担着判断地区、年份、月份、日期、性别的功能。

图 38-9 所示是地区积木，在这个积木中，通过积木组合获取区号。通过图 38-10 所示积木组合首先找到在“代码”列表中是否有“区号”，如果找到了与“区号”内容一致的项数，则再到“地区”列表中找到相应项数对应的内容，并把这个内容赋值给变量“地区”。通过这种方式我们就能把户籍所在地的信息找到了。如图 38-11 所示是地区积木的完整程序。

图 38-8

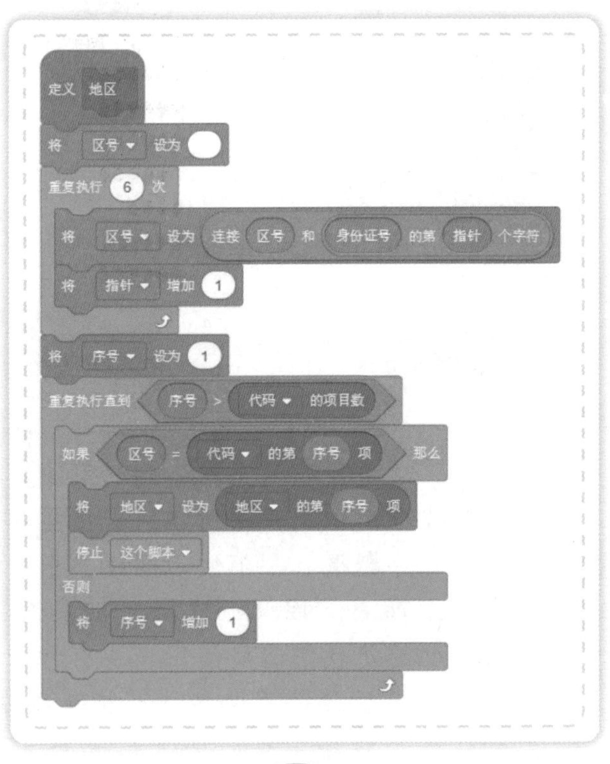

图 38-9

将 序号 设为 1
重复执行直到 序号 > 代码 的项目数
如果 区号 = 代码 的第 序号 项 那么
将 地区 设为 地区 的第 序号 项
停止 这个脚本
否则
将 序号 增加 1

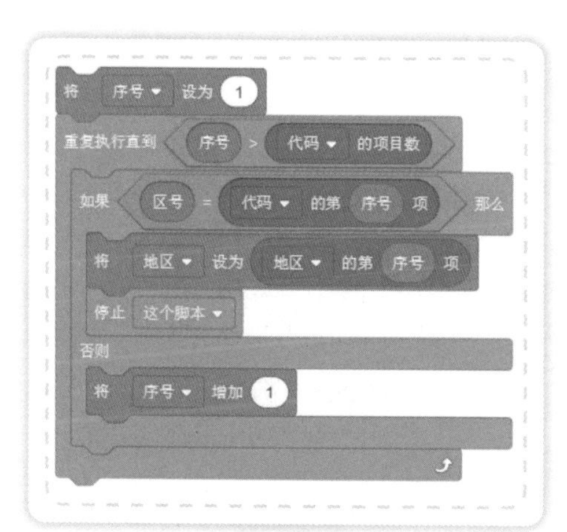

图 38-10

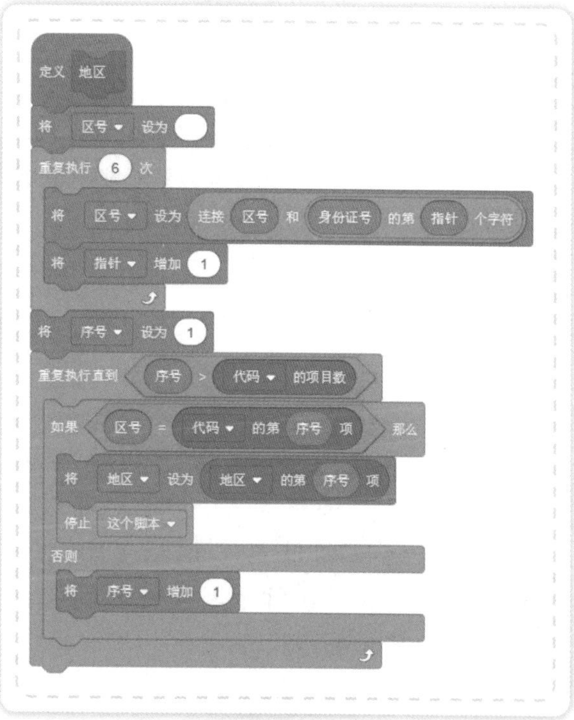

定义 地区
将 区号 设为
重复执行 6 次
将 区号 设为 连接 区号 和 身份证号 的第 指针 个字符
将 指针 增加 1
将 序号 设为 1
重复执行直到 序号 > 代码 的项目数
如果 区号 = 代码 的第 序号 项 那么
将 地区 设为 地区 的第 序号 项
停止 这个脚本
否则
将 序号 增加 1

图 38-11

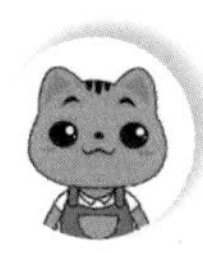

年份、月份、日期的程序原理基本相同，都是 2 次，利用重复执行 4 次、2 次分别找到身份证号的第 7~10 位、第 11 ~ 12 位和第 13 ~ 14 位（见图 38-12 ~ 图 38-14 所示）。

定义 年份
将 年份 设为
重复执行 4 次
将 年份 设为 连接 年份 和 身份证号 的第 指针 个字符
将 指针 增加 1

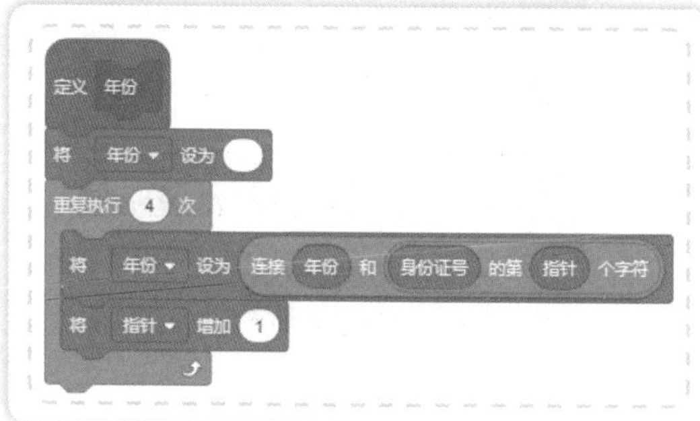

图 38-12

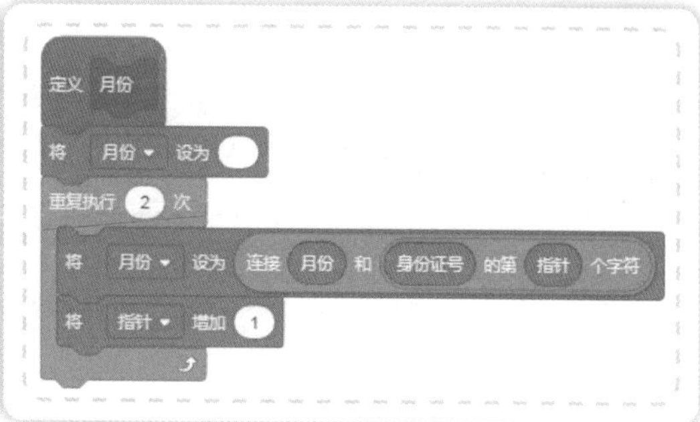

定义 月份
将 月份 设为
重复执行 2 次
将 月份 设为 连接 月份 和 身份证号 的第 指针 个字符
将 指针 增加 1

图 38-13

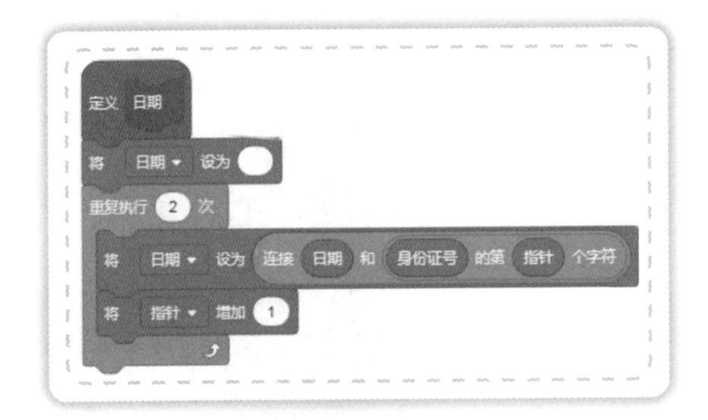

图 38-14

通过图 38-15 所示程序可以找到身份证号的第 17 位，根据我们以前学习过的判断奇偶数的方法得到性别信息。把所有积木组合后得到最终程序如图 38-16 所示。我把我的身份证号码输入后的运行结果如图 38-17 所示。

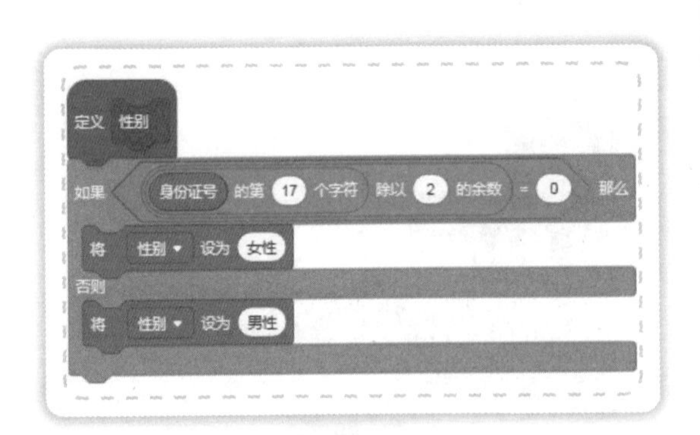

图 38-15

图 38-16

图 38-17

格致猫，通过今天的学习我们知道“磨刀不误砍柴工”，碰到问题先别一头扎进问题中，而是要先分析问题，找到联系与规律，这样再去解决问题就会事半功倍了！

对，小麦。而且在我们用编程解决实际问题时会有很多小的技巧，我们一定要把这些技巧积累下来，慢慢地这些技巧就变成了自己的编程经验，我们也会成为编程小达人的！

我们学会了身份证都包含哪些信息，利用判断语句，自定义积木编写解读身份证信息的小程序。

第39节 单词加密小游戏

课间，格致猫收到了小麦的一张纸条。纸条上写着：mlqwld qaldzxidqjaxhkrxaldrphqnrxmldq。什么意思？格致猫是丈二和尚摸不着头脑，小麦这是搞什么鬼？放学后，格致猫想要找小麦问问她到底要干什么，却哪里也找不到小麦。格致猫只好独自一人离开学校，结果在校门口被藏在树后的小麦吓了一大跳。

小麦，你到底搞什么“鬼”啊？还吓了我一大跳！

格致猫在向小麦抱怨。

格致猫，你没看到我给你留的暗语吗？

什么暗语啊？全是一些不相干的字母，让我一头雾水，根本看不懂。

我是用凯撒加密的方式给你留的暗语。破解后应为jintianxiawufangxuehouxiaomenkoujian。你现在看明白了吗？

今天下午放学后校门口见。嗯，现在明白了。小麦，你别说还真挺有意思，这暗语和你的原文是怎么转换的？快给我讲讲吧，要不我还是看不懂暗语！

好的，格致猫。这种加密方式最早是由古罗马的凯撒大帝发明的。

它的原理其实很简单，就是把原文中的所有字母都在字母表上向后（或向前）按照一个固定数目进行偏移后替换成密文。例如，当偏移量是 3 的时候，所有的字母 A 将被替换成 D，B 替换成 E，以此类推。我今天用的就是后移 3 个字母的方式。

噢，原来如此。明白了！其实原理还是很简单的。不过小麦，我发现了一个问题。

什么问题呀，格致猫？

小麦，你看，不管你每次是向后或是向前移动几位，你都得对着字母表找移动后是哪个字母，我们要是编一个程序让计算机自动地找是不是就更方便了？

的确，格致猫。我们都没有经过专门的训练，每次将原文转密文，密文再破解都得查着字母表才能解决，特别麻烦。我也正思考如何把这些繁杂的工作交给计算机去完成呢！我们是不谋而合了，快说说你是怎么想的吧！

小麦，既然加密和破解都需要使用字母表，那么我想我们也得先在程序中建立一个字母表，这个字母表可以用列表的形式把 26 个字母存储起来（见图 39-1）。

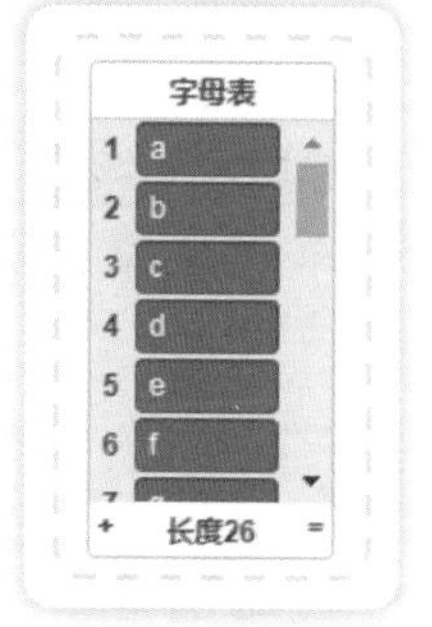

图 39-1

要想加密首先得找到这个字母在字母表中的位置，然后根据相应的规则向前或是向后移动一定的数字找到相应的替代字母。我们的规则是向后移动 3 个位置。

我随便写一个字母 m 吧，首先要找到它在字母表中的位置（见图 39-2），m 是第 13 个字母，对应着字母表的序号是 13，向后移动 3 个位置，对应的是字母表中序号是 16 的字母也就是 p，加密后我们就用 p 替代了 m。

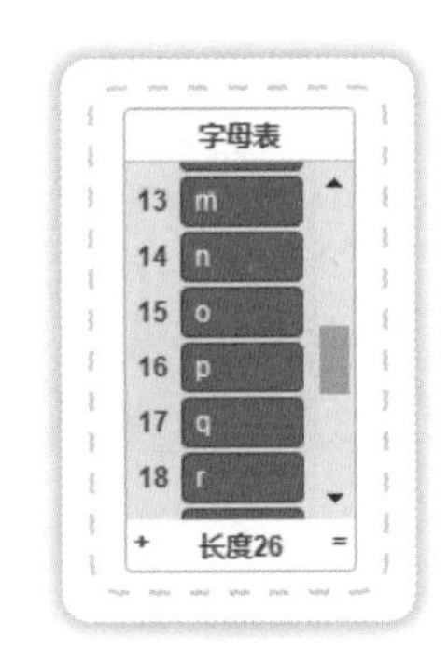

图 39-2

编程的过程其实就是模仿人类处理相同问题的思维过程。程序先把输入的语句看成一个字符串，通过符号“重复执行”积木提取字符串中所包含的每个字母，然后在字母表中找到这些字母的相应位置（也就是它们在字母表中的相应序号），再把这些序号按照规则后移 3 位，找到替代字母，最后把替代字母按顺序输出组成新的语句也就是我们的加密语句了。

对，格致猫，原理是这样的，那具体怎么编程呢？

小麦，编程时需要我们灵活应用这几个积木。其中 字母表 ▾ 中第一个 东西 的编号 积木就是用于获取字符串中每个字母在字母表中的序号的。

我们可以写一个简单的小程序来体验一下这个积木模块的功能。我们写一个只输入一个字母的并找到这个字母在字母表位置的小程序（见图 39-3）。我随便输入一个字母，如 s，程序的运行结果（见图 39-4）。s 是第 19 个字母，程序的运行结果也是 19，说明这个积木能从字母表中找到相应字母的序号。

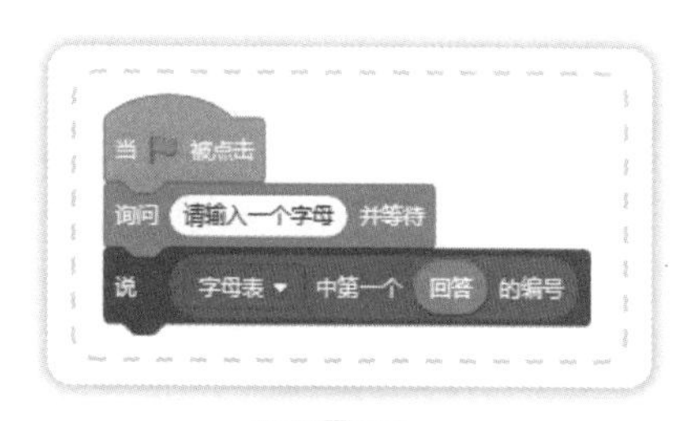

图 39-3

图 39-4

针对含有多个字母的字符串，我们需要有一个指针来不断地提取每个字母，这在以前的学习中我们都学习过。因此分别建立“原文”“密文”“指针”和“序号”四个变量用来存储原文内容、加密后的内容、字符串的字母位置、字母表列表中字母的位置。利用图 39-5 所示程序找到原文字符串中每个字母在字母表列表中的序号。通过 将 密文 设为 连接 密文 和 字母表 的第 序号 + 3 项 积木用按规则后移后的字母替代原文中的字母。因此，可以用图 39-6 所示程序把原文翻译成密文。但是有这几个字母需要进行特殊处理，是哪几个字母呢？就是字母表最后的三个字母“x，y，z”，它们三个分别对应的序号为“24，25，26”，它们加 3 后就超出了列表序号的最大值了……

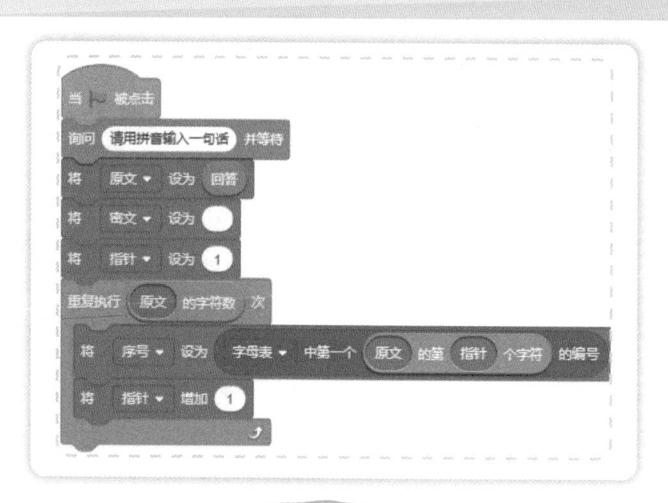

图 39-5

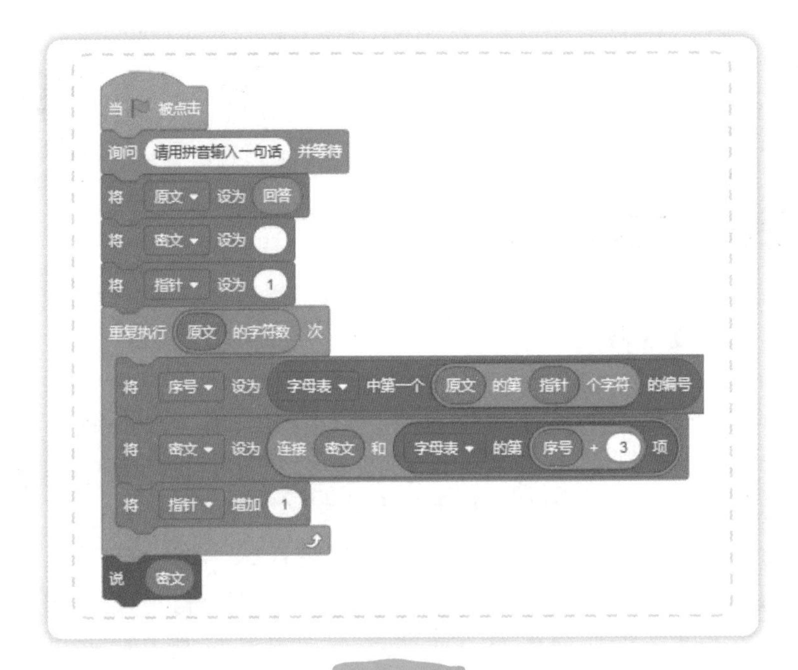

图 39-6

对啊，格致猫，这种情况应该如何处理呢？

小麦，这三个字母后移三位后应该对应“a，b，c”三个字母，相当于这个字母表是首尾相连的一个字母表圈。

因此，我们只要把这三个字母的序号分别减小 26，变为“−2，−1，0”，再加 3，变成“1，2，3”，就能分别对应“a，b，c”了。这样再加上

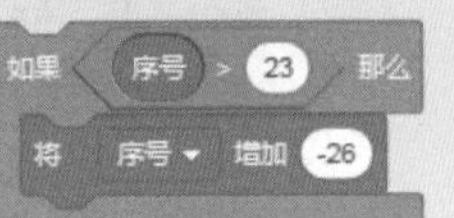

积木组合就可以了。现在完整的程序就变成了图 39-7 所示的程序了。

```
当 ⚑ 被点击
询问 (请用拼音输入一句话) 并等待
将 原文 ▾ 设为 (回答)
将 密文 ▾ 设为 ( )
将 指针 ▾ 设为 (1)
重复执行 (原文 的字符数) 次
    将 序号 ▾ 设为 (字母表 ▾ 中第一个 (原文 的第 (指针) 个字符) 的编号)
    如果 <(序号) > (23)> 那么
        将 序号 ▾ 增加 (-26)
    将 密文 ▾ 设为 (连接 (密文) 和 (字母表 ▾ 的第 ((序号) + (3)) 项))
    将 指针 ▾ 增加 (1)
说 (密文)
```

图 39-7

我们输入“nihao”做一下实验看一看结果是什么？结果如图 39-8 所示。我们验证一下。结果正确，而且程序运行速度特别快，我们不用再一个一个字母查找并翻译了。小麦，你能不能把破译的程序写出来？

图 39-8

好啊，格致猫，考我了！哼，这难不倒我。其实这两个程序特别相似，需要注意的就是破译规则是相应的字母序号减 3。再就是刚才的加密程序需要特别处理的是后三个字母“x，y，z”，而破译程序恰恰相反，需要特别处理的是前三个字母“a，b，c”，因此需要

```
如果 <(序号) < (4)> 那么
    将 序号 ▾ 增加 (26)
```

积木组合。完整的破译程序如图 39-9 所示，我可以把你刚才的 qlkdr 破译出来了。

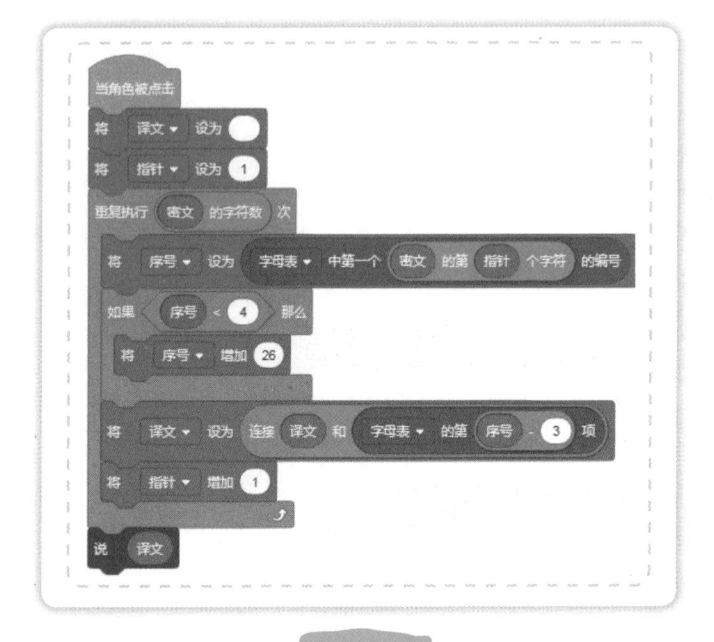

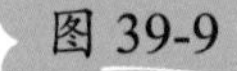
图 39-9

运行结果如 39-10 所示。

图 39-10

哈哈，小麦，牛！

格致猫，接招。

好的，小麦，

成长日记

我们了解了凯撒密码的原理，并通过列表进行单词加密、解密的程序设计。

第40节 测测你的反应速度

体育课上，老师带领同学们做了一个测反应速度的小游戏，游戏是四人一组，每组一块秒表。每次一位同学拿表，当老师喊开始时，他按“开始”键，当老师喊停时，他按“结束”键。看一看小组中哪位同学反应最快，每组中反应最快的同学再在全班进行比赛，看一看全班谁是反应最快的。同学们玩得不亦乐乎，不知不觉下课铃响了，大家都不情愿地离开了操场。大家都没玩够，可是没有了秒表，大家该怎么玩呢？这不爱动脑筋的格致猫和小麦在替同学们想办法呢！

格致猫，同学们都很喜欢这个游戏，可是回到家中我们都没有秒表，这可怎么办呢？我们能不能用编程来模拟一下这个游戏，给同学们设计一个小程序，让同学们在家也可以玩？

是啊，小麦。实话实说我也没玩够，我也在思考怎样才能用程序模拟这个游戏呢？

格致猫，平时总听人们说某某某打字速度特别快，他的手指反应特别灵敏，因此我们能不能用测敲击键盘的速度模仿一下呢？

应该可以。键盘中最长的键是空格键，按起来特别方便，我们可以利用测敲击空格键的间隔时间来表示反应速度。

对，格致猫。这个方法可行。

Scratch 中有一个“计时器”积木是用来计时的。我们建立一个“计时”列表，把每次敲击空格键时的对应时间记录下来。这样“计时”列表中相邻两项的差值就是反应时间。再建立一个“反应时间”列表，把结果存储起来就可以了。

对，小麦。我们首先需要建立两个列表“计时”与“反应时间”，并把它们进行清空全部内容的初始化设置。同时把计时器归零（见图 40-1）。当敲击空格键时，把计时器的数值存入类别“计时”中（见图 40-2）。

图 40-1

图 40-2

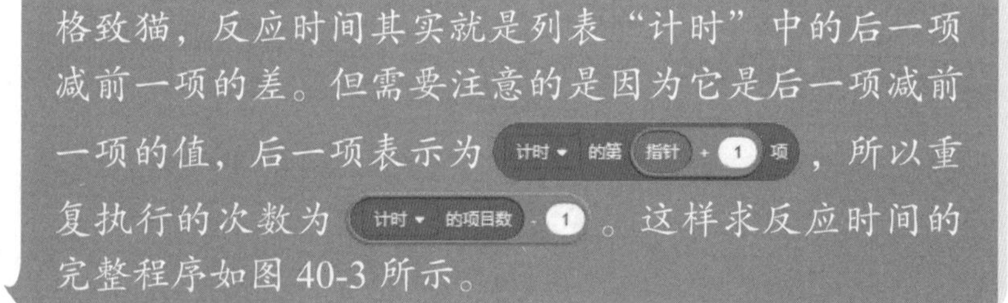

格致猫，反应时间其实就是列表“计时”中的后一项减前一项的差。但需要注意的是因为它是后一项减前一项的值，后一项表示为 计时▾ 的第 (指针 + 1) 项，所以重复执行的次数为 计时▾ 的项目数 - 1。这样求反应时间的完整程序如图 40-3 所示。

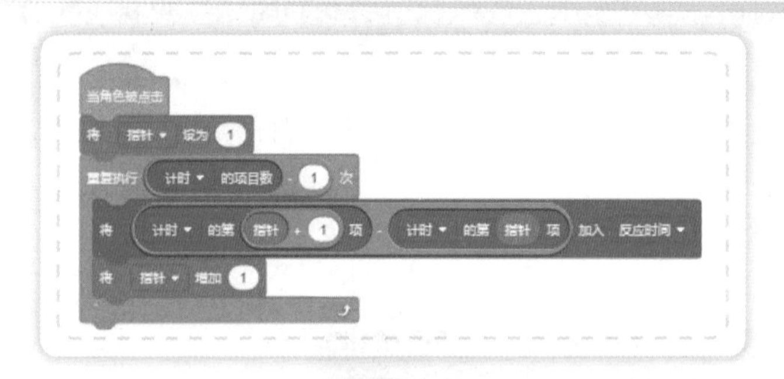

图 40-3

小麦，我们还可以求出反应时间的最大值和最小值。而求最大值和最小值的原理很简单，我们可以建立两个变量“最大值”和“最小值”，并分别把它们的初值设为“反应时间”列表的第一项，这样从第二项开始和“最大值”“最小值”进行比较，一直比到最后一项。在比较的过程中，如果有哪一项的值大于“最大值”，就把这一项的数值赋给“最大值”，同样的道理，如果哪一项的值小于“最小值”，就把它的值赋给“最小值”，这样比完最后一项后，变量“最大值”和“最小值”中的数值就分别是“反应时间”列表的最大值和最小值。

程序如图 40-4 所示。

```
当按下 m 键
将 指针 设为 1
将 最大值 设为 反应时间 的第 1 项
将 最小值 设为 反应时间 的第 1 项
重复执行 反应时间 的项目数 次
    如果 反应时间 的第 指针 项 > 最大值 那么
        将 最大值 设为 反应时间 的第 指针 项
    如果 反应时间 的第 指针 项 < 最小值 那么
        将 最小值 设为 反应时间 的第 指针 项
    将 指针 增加 1
说 连接 最大值为 和 最大值 2 秒
说 连接 最小值为 和 最小值 2 秒
```

图 40-4

我们还可以求出反应时间的平均值。平均值就是把“反应时间”列表中所有项的值加起来除以项数。可以建立一个变量“和”初值为 0。重复执行“反应时间”列表的项目数，每次增加列表相应项数的内容。

程序如图 40-5 所示。

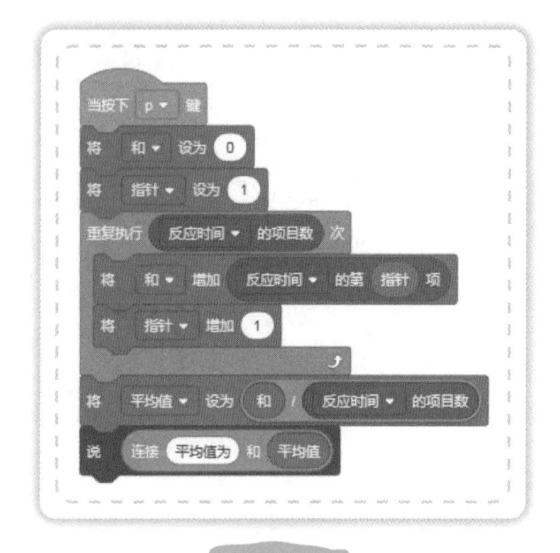

图 40-5

小麦，我先试一试我的反应时间是多少。小麦你看我的反应时间结果是 最大值 0.329 最小值 0.298 平均值 0.3135 。

格致猫，测试成功！赶紧把我们的程序推荐给同学们吧！

好嘞！

我们学会了利用键盘采集数据，并通过综合运用求最大值、最小值、平均值的程序对所得数据进行处理。

参 考 文 献

［1］李艺，董玉琦．信息技术必修 1　数据与计算［M］．北京：教育科学出版社，2019．

［2］李登旺，王爱胜．初中信息技术　第一册 · 上［M］．济南：泰山出版社，2018．

［3］马吉德．马吉．动手玩转 Scratch 2.0 编程［M］．于欣龙，李泽，译．北京：电子工业出版社，2015．

［4］段勇．如何进行跨学科融合的 STEM 课程设计——以“我们用上了自来水”课程设计为例［J］．中小学数字化教学，2019（10）：9-12．

［5］段勇．基于计算思维培养的 Scratch 创意编程教学模式初探——以《队列练习：认识广播命令》教学为例［J］．现代教育，2019（06）：26-28．

［6］段勇．巧解“折纸超珠峰”［J］．少年电脑世界，2018（09）：20-21．

［7］段勇． Scratch 创意编程：判断平闰年［J］．少年电脑世界，2018（05）：18-19．

［8］段勇．基于问题驱动的编程教学模式初探［J］．中国信息技术教育，2018（Z3）：23-25．

［9］段勇．“喵星数学”之植树问题［J］．少年电脑世界，2017（12）：32-33．

后　记

亲爱的读者，当你们翻到这一页时说明你们已经与格致猫、小麦一起度过了一段快乐的编程学习之旅。你们是不是已经不知不觉进入了程序设计的殿堂，徜徉在思维给你们带来的快乐与喜悦中了呢？

在这次学习之旅中，你们有什么感悟与收获呢？是不是觉得要想学好编程首先得战胜“畏难心理”这只“拦路虎”？这只“拦路虎”的存在总让我们裹足不前或是浅尝辄止，让我们心中咚咚地敲着退堂鼓。因此，要想学习好编程首先就得赶走这只“拦路虎”。

怎样才能赶走这只“拦路虎”呢？第一，要有信心。坚信通过自己的努力一定能学会编程，明白“世上无难事只怕有心人”。第二，对编程始终抱有浓厚的兴趣。兴趣是最好的老师，兴趣也是克服困难的利器。第三，要体验到通过自己的努力获得成功的成就感。成就感是做成一切事情的助推器。有了成就感才能在遇到困难想要放弃时看到希望，才能坚持下去，最终走向成功。第四，要有良好的学习方法与习惯。编程其实是站在计算机运行的角度思考问题，通过建立数学模型让计算机明白我们想让它做什么，因此对一些程序的编程原理一定要弄懂吃透，千万不要似懂非懂，蜻蜓点水。只有真正地弄懂了程序的编程原理与思维技巧，才是真正地掌握了编程，才能灵活运用，举一反三，触类旁通，才能真正地在程序设计的世界里自由翱翔！

亲爱的读者，格致猫和小麦期待着与你们下次继续在程序设计的世界里探索！

编　者

2022 年 1 月